義大利糕點百科圖鑑

終極版！收錄從傳統至時尚你一定要認識的107種義式甜點

✦ ✦ ✦ ✦ ✦ ✦ ✦ ✦ ✦ ✦ ✦ ✦

佐藤礼子

REIKO SATO

L'ENCICLOPEDIA DEI
DOLCI ITALIANI TRADIZIONALI

大境文化

前言

1990 年在日本的義大利餐廳工作時，義大利糕點的資訊非常少，只能靠著從義大利回國的主廚拿出的食譜，和「原來是這樣的糕點啊」的大致印象來製作義式糕點。那真是個具創造性又樂趣無窮的工作，所以原本應該投入料理世界的我，不知不覺間就沈迷進入義大利的糕點世界。某一天，從主廚手裡的義大利雜誌中，被令人眩目的咖啡色烘烤點心、和奇異鮮艷異國風格的甜點深深吸引。從那天起，這樣對比的印象，成為想要在當地親口品嚐看看的夢想，在我心中不斷地膨脹發酵，2004 年，這個糕點研習的夢想終於以留學方式實現了。在留學期間才得知，我在雜誌中看到「充滿異國風格的糕點」是西西里的傳統甜點，當下毫不猶豫地就決定要在西西里的糕點店工作。自此 16 年間，我以西西里為據點，在義大利各地尋訪糕點店遍嚐美味的點心。

說義大利每個市鎮都有其著名的甜點，一點也不誇張，而且各地都有傳統的糕點。義大利人更是引以為傲地宣揚自己居住地的糕點，內容從市鎮的歷史、當地特色以至宗教等等 ... 廣泛涉獵。我也親自感受到藉由

糕點，深刻學習義大利的歷史文化，也瞭解到飲食文化在漫長歷史中累積堆疊而形成的真義。

本書從多如繁星般的義大利糕點中，以傳統糕點為主所挑選出的種類。執筆之際，每個糕點都重新詳細地挖掘其歷史、原由，也為收錄的食譜而不斷地重覆試作。過程中，令我深切思考的是：「所謂的傳統，是什麼？」現在被稱為「傳統糕點」的成品，在當時，理所當然的是「新式糕點」，之後不斷地納入流行，並隨著時代變化而來。所謂的傳統，並不是「以其原貌遺留下來」，而是隨著時代逐漸緩緩地改變，並「傳承其本質」，至此又重新強烈地感受其精髓。

本書為求能在日本重現糕點的風貌，所以略微調整了當地的食譜配方。衷心地期盼大家能藉由本書，感受義大利糕點的深奧與美味。

2020 年初夏
佐藤礼子

5

品嚐得到小麥美味的義大利糕點

　　義大利自古流傳的糕點非常多，常常一個糕點就有多如繁星的變化。其中的原因，就在於義大利的歷史和地理條件。

　　突出於地中海半島上的義大利，從西元前開始，就已經與當時先進國家的阿拉伯世界、古希臘…有著頻繁興盛的貿易往來。因此新的食材或糕點製作技術，也很早就進入義大利，領先西方各國成為先驅，在飲食文化上開花結果。再加上昔日義大利是由小國構成的共同體，各地發展的歷史各不相同，被哪個國家統治、與哪個國家有外交往來等，因為這樣的原因帶來的食材與文化差異，因此誕生了多種樣貌的糕點。義大利半島在歐洲屬於偏南的位置，溫暖的地中海型氣候，糧食生產豐饒，也是原因之一。此外，國土形狀南北細長，環山面海，因此氣候條件也十分多樣。不同地區採收的食材也不同，因此即使同一地區，也會利用各自不同的特產來製作糕點。

　　義大利糕點大致可分為三大類。以粉類或乳製品為主，並在某些特定食材多下工夫，在節慶時製作的「庶民糕點」。還有西元前即是祭祀敬神使用，十一世紀後隨著基督教會權利增強，也同時發展成「修道院糕點」。最後一種是因貴族之令，大量使用了當時非常貴重的砂糖和香料等，用於招待外國君主、國王，嶄新華美的「宮廷糕點」。

　　其中，可以說是所有糕點的共通特色，就是「能嚐出小麥的美味」。義大利幾乎是全國都生產小麥的穀物大國，雖然外觀看似平凡質樸，咬下的瞬間就能確實感受到粉類的香氣，小麥的美味在口中擴散。

　　基督教重鎮的義大利，宗教與糕點的發展有密不可分的關係。因此，宗教上的節慶糕點，不止是修道院，同時也在民間廣為製作，更因為具有信仰精神強烈的民族性，而傳承至今。無論什麼時代，都與民眾生活習習相關的義大利傳統糕點。即使是一個小小的甜點，都能夠一窺地區性及歷史背景，這正是義大利糕點的精髓吧。

VALLE D'AOSTA

TRENTINO-ALTO ADIGE

FRIULI-VENEZIA GIULIA

LOMBARDIA

VENETO

PIEMONTE

EMILIA-ROMAGNA

LIGURIA

MARCHE

TOSCANA

UMBRIA

MOLISE

ABRUZZO

LAZIO

PUGLIA

CAMPANIA

SARDEGNA

BASILICATA

CALABRIA

SICILIA

CENTRO 中部

SUD 南部

ISOLE 外島

本書的使用方法

種類：分為塔派‧蛋糕、硬脆餅、烘烤糕點、油炸點心、新鮮糕點、湯匙甜點（所謂水份較多的果凍在義大利文稱為 dolce al cucchiaio）、麵包‧發酵糕點、杏仁膏及其他。以符合廣義的特徵為準。

場合：以糕點食用之主要場合，區分成家庭糕點、Pasticceria（糕點店）、Panificio（麵包店）、咖啡吧‧餐廳、節慶糕點…等。

構成：製作此糕點的主要材料。ripieno（內餡）是義大利文填充物的意思。

關於食譜配方：1 大匙＝ 15ml、1 小匙＝ 5ml。奶油使用無鹽奶油。烤箱溫度與烘烤時間是參考標準，請視狀況調整。其他、材料等詳細內容請參照 P.226 ～。

NORD
北部

TRENTINO-ALTO ADIGE
特倫提諾−上阿迪傑大區

FRIULI-VENEZIA GIULIA
佛里烏利−威尼斯朱利亞大區

LOMBARDIA
倫巴底大區

VALLE D'AOSTA
瓦萊達奧斯塔大區

Dolomiti ▲

◆ Erba

◇ Aosta

◆ Varese

◆ Bergamo

◎ Trento

Gorizia

◆ Bassano del Grappa

◎ Milano

Vicenza ◆

Treviso ◆

◎ Trieste

◆ Pavia

◆ Verona

◎ Venezia

Casale Monferrato ◆

Mantua ◆

VENETO
威尼托大區

◎ Torino

◆ Langhe

◆ Ferrara

◎ Genova

◎ Bologna

LIGURIA
利古里亞大區

EMILIA-ROMAGNA
艾米利亞−羅馬涅大區

PIEMONTE
皮埃蒙特大區

活用蕎麥粉或黃色玉米粉等
寒冷地區食材製作滋味獨特的糕點

　邊境有阿爾卑斯山脈，周邊與法國、瑞士、奧地利與斯洛維尼亞相鄰的北義大利，在漫長歷史中，飲食文化受到鄰近各國的影響。冬季低溫積雪，相較溫暖的南部地方，收穫的作物也較少。但活用這些材料孕育出的北義糕點，大多有著風味獨特的美妙滋味。

　流經倫巴底～艾米利亞－羅馬涅的波河（Po）流域平原，盛行酪農業。加上降雨量高，十八世紀後完成了灌溉設施，也發展了牧草的栽植技術。因此奶油或鮮奶油等乳製品，常運用在糕點中。這也是為了對抗寒冷、保持身體溫暖，蓄積必要的熱量吧。該地區同時是軟質小麥和米的產地，有很多使用這些穀類的點心。山岳地帶，因冬季嚴寒而貧瘠的土地，難於栽植小麥，因此使用蕎麥或黃色的粗粒玉米粉（cornmeal）也是特徵之一。山間地帶的栗子、榛果，曾經是營養來源的重要寶貝。水果則能採收蘋果、桃子、杏桃、櫻桃等，製作成果醬或糖煮加以保存。

　在中世紀，威尼斯、熱內亞的東方貿易盛行，從中東世界輸入的砂糖和香料也隨之增加，再加上發現新大陸後的十六世紀，可可傳至皮埃蒙特等，因此這些地區都與義大利糕點文化的發展有著重大關連。

　現在雖然是以米蘭為中心，出現了許多添加流行元素的新銳糕點店，但在杜林和威尼斯，則仍保有創業數百年歷史的老牌糕點店和咖啡屋。

榛果蛋糕
TORTA DI NOCCIOLE

有著榛果馨香及鬆化口感的蛋糕

● 種類：塔派、蛋糕　　● 場合：家庭糕點、糕點店
● 構成：榛果＋低筋麵粉＋雞蛋＋奶油

　　有著美麗葡萄園的廣闊地帶，皮埃蒙特大區南部的朗格山丘。此地的風景已獲登錄為世界遺產，也是深受喜愛巴羅洛（Barolo）與巴巴瑞斯可（Barbaresco）紅葡萄酒的產區，加上此地也是榛果的著名產地，而且名聞全球。能採收 Tonda Gentile 品種的榛果，香氣十足，風味濃郁。

　　榛果的果實與橡實類似，日文稱為「ハシバミの実」。圓形外殼中有 1 粒果實，在義大利一到冬天，就會在桌上放帶殼榛果，習慣自己剝著吃。

　　在皮埃蒙特地方，榛果蛋糕在家庭或糕點店都深受喜愛，糕點店也出售可以外帶、包裝好的成品。過去因夏末秋初，採收的榛果形狀不佳而製成榛果粉，耶誕節時由農民們做成蛋糕。據說過去的配方沒有添加低筋麵粉或可可粉，但近年來為保持良好的外形和提高香氣，大多會添加使用。

　　皮埃蒙特長大的朋友曾說：「確實烘烤榛果，就是製作美味蛋糕（torta）的祕訣唷」。皮埃蒙特的榛果，藉由烘烤強化風味，正因為是非常質樸的蛋糕，使用優質食材更為重要。

一到秋天就能在市場上看到成列秤重出售的榛果，品質最佳的帶殼榛果，每公斤 5 歐元。

榛果蛋糕（直徑 15cm 的圓形 / 1 個）

材料
榛果（去皮）⋯⋯100g
細砂糖 ⋯⋯100g
蛋黃 ⋯⋯2 個
蛋白 ⋯⋯2 個
融化奶油 ⋯⋯20g
A
「 低筋麵粉 ⋯⋯100g
　 泡打粉 ⋯⋯10g
└ 可可粉 ⋯⋯2 小匙

製作方法
1 榛果放入以 180℃預熱的烤箱烘烤 10 分鐘，連同 25g 細砂糖一起放入食物調理機中攪打成粉末狀。
2 在缽盆中放入蛋黃和其餘的細砂糖，用攪拌器充分混拌，加入融化奶油後再次混拌，加入 1 混合拌勻。
3 加入半量攪打成 8 分打發的蛋白霜，用橡皮刮刀混拌，加入 A 後再次混拌。
4 加入其餘蛋白霜，避免破壞氣泡地大動作混拌，倒入舖有烤盤紙的模型中。以 180℃的烤箱烘烤約 40 分鐘。

淑女之吻
BACI DI DAMA

榛果和巧克力的脆餅
（biscotti）

◆ ◆ ◆ ◆ ◆ ◆ ◆ ◆ ◆ ◆ ◆ ◆ ◆ ◆ ◆
- 種類：餅乾
- 場合：家庭糕點、糕點店
- 構成：低筋麵粉＋杏仁粉＋砂糖＋奶油

　　因兩片脆餅相對親吻（baci）般的樣子，而被命名爲「淑女之吻」。現在雖是皮埃蒙特地區全境皆有，但起源卻是在東南部的托爾托納（Tortona）。1852 年，受到當時統治此地區，薩伏伊王朝的維克多·伊曼紐二世（Vittorio Emanuele II）的讚賞而傳至歐洲。從一口大小到超過 5cm 直徑的尺寸皆有，也有加了杏仁果或可可粉的種類。

淑女之吻
（40 個）

材料
A
- 低筋麵粉 …… 200g
- 細砂糖 …… 200g
- 杏仁粉 …… 200g
- 香草粉 …… 2g
- 鹽 …… 3g

奶油（回復室溫）…… 200g
苦甜巧克力 …… 200g

製作方法
1. 在缽盆中放入 A 混合，加入回復室溫切成 1cm 塊狀的奶油，用手搓揉使其與粉類結合，整合成團。
2. 整形成每個直徑 2cm 的球狀，擺放在鋪有烤盤紙的烤盤中。
3. 以 180℃ 預熱的烤箱烘烤約 15 分鐘，放置冷卻。將因熱度攤成半球狀的脆餅上下翻面，使底部朝上。
4. 巧克力切碎隔水加熱使其融化，擠在 3 烤好脆餅的平坦面，覆蓋上另一片脆餅，使兩片貼合，形成圓球狀。其餘也同樣製作。

克魯蜜莉餅乾
KRUMIRI,CRUMIRI

ㄟ字形、香草風味是最經典的口味

◆ ◆ ◆ ◆ ◆ ◆ ◆ ◆ ◆ ◆ ◆

● 種類：餅乾
● 場合：家庭糕點、糕點店
● 構成：低筋麵粉＋砂糖＋雞蛋＋奶油

　　流傳在杜林東側，卡薩萊蒙費拉托（Casale Monferrato）的脆餅。即使現在已是全義大利超市都可以看見為人所知的餅乾，但元祖是糕點師多明尼哥・羅西（Domenico Rossi）在 1878 年所創作。略呈彎曲的形狀，是為了向同年過逝的維克多・伊曼紐二世（Vittorio Emanuele II）致敬，仿傚八字鬍形狀而來。略硬的口感、奶油和香草的香氣，飄散著懷舊感，搭配沙巴雍（Zabaione）或熱巧克力（Ciccolata calda）享用，就是傳統的吃法。

克魯蜜莉餅乾
（50 個）

材料
低筋麵粉 ⋯⋯350g
奶油 ⋯⋯110g
細砂糖 ⋯⋯140g
全蛋 ⋯⋯1 個
蛋黃 ⋯⋯1 個
香草粉 ⋯⋯少量
鹽 ⋯⋯2g

製作方法
1 低筋麵粉之外的材料放入缽盆中，用攪拌器充分混拌，加入低筋麵粉，用手抓握般地整合成團。
2 放入裝有直徑 1cm 鋸齒狀擠花嘴的擠花袋內，在舖有烤盤紙的烤盤上擠成長 5cm 的彎月形狀。
3 放入以 180℃預熱的烤箱烘烤 15 分鐘。

貓舌餅
LINGUE DI GATTO

發源於法國，
充滿奶油香氣的餅乾

◆ ◆ ◆ ◆ ◆ ◆ ◆ ◆ ◆ ◆ ◆ ◆ ◆ ◆ ◆
● 種類：餅乾
● 場合：家庭糕點、糕點店
● 構成：低筋麵粉＋砂糖＋奶油＋蛋白

　　細長狀，形似貓的舌頭，故以此命名爲「貓
舌」。據說發源於法國，雖然成爲與法國邊境
相鄰，皮埃蒙特的傳統點心，但現在已經變
成整個歐洲廣受喜愛，搭配咖啡或紅茶的最佳
拍檔。材料只有4種，非常簡單地全部都是等
量。麵團薄薄地擠出來，烘烤後形成香脆口
感。也能搭配皮埃蒙特甜味的葡萄酒慕斯卡托
（Moscato）、沙巴雍（Zabaione→P22）、熱巧
克力享用。

貓舌餅
（14片）

材料
奶油（回復室溫）……50g
糖粉……50g
蛋白……50g
低筋麵粉……50g

製作方法
1　將放置回復室溫的奶油放入缽盆中，加入
　　糖粉，用攪拌器混拌至與奶油融合。
2　依序加蛋白、低筋麵粉，每次加入後都充
　　分混拌至滑順爲止。
3　將2放入裝有直徑1cm圓口擠花嘴的擠
　　花袋內，在舖有烤盤紙的烤盤上擠成8cm
　　的長條。
4　放入以190℃預熱的烤箱烘烤8～10分
　　鐘，烤至邊緣略有焦色。

蛋 白 餅
MERINGHE

名稱源自糕點師出生的故鄉
瑞士村莊之名而來

◆ ◆ ◆ ◆ ◆ ◆ ◆ ◆ ◆ ◆ ◆ ◆ ◆

● 種類：餅乾
● 場合：家庭糕點、糕點店
● 構成：蛋白＋砂糖

　　1700 年，最初是居住在瑞士的義大利家族，名為 Gasparini 的糕點師製作出這款點心，糕點師出生在名為 Meiringen 的瑞士村莊，因此而命名，也被稱為「泡沫 Spumini」。完全不添加粉類的蛋白餅，塞滿口中感到香甜的瞬間就鬆散化開。從一口大小到拳頭般大的成品各式各樣，以低溫避免燒焦地慢慢烘烤，就是製作的重點。

蛋白餅
（直徑 5cm／12 個）

材料
蛋白 ⋯⋯50g
細砂糖 ⋯⋯100g
檸檬汁 ⋯⋯5ml
鹽 ⋯⋯1 小撮

製作方法
1 將蛋白和鹽放入缽盆中，用手持電動攪拌機輕輕攪散，邊逐次少量地加入細砂糖和檸檬汁，邊將材料確實打發至尖角直立。
2 放入裝有直徑 1cm 星形擠花嘴的擠花袋內，在鋪有烤盤紙的烤盤上擠成直徑 5cm 的圓形。
3 放入以 100℃ 預熱的烤箱，烘烤約 1 小時，慢慢烘烤至中央部分確實乾燥為止。

在杜林可以看到大朵花形的蛋白餅。

A 薩伏伊手指餅乾
AVOIARDI

受到薩伏伊王朝喜愛的重要配角

◆◆◆◆◆◆◆◆◆◆◆◆

種類：餅乾
場合：家庭糕點、糕點店
構成：低筋麵粉＋砂糖＋雞蛋

　這段歷史，可以追溯回久遠的 1348 年，呈
獻給造訪薩伏伊王朝，法國國王的糕點。柔軟
蓬鬆，纖細的口感更添享用的樂趣。大多是
搭配沙巴雍、熱巧克力或卡士達奶油（Cream
pasticcera）等的重要配角。目前在義大利全國
的超市都能輕易買到，但與手工製的手指餅乾
口感仍略有不同。希望大家務必親手製作試
試，義大利貴族們喜愛的美味。

薩伏伊手指餅乾
（45 根）

材料
低筋麵粉 ⋯⋯125g
細砂糖 ⋯⋯95g
蛋黃 ⋯⋯5 個
蛋白 ⋯⋯5 個
糖粉 ⋯⋯50g

製作方法
1 將蛋黃和細砂糖 50g 放入缽盆中，用攪拌
　器混拌至材料出現濃稠沉重感。
2 蛋白放入另外的缽盆，邊將其餘的砂糖分
　3 次加入，邊打發至尖角直立的狀態。
3 將 2 的 1/3 蛋白霜加入 1 中，用橡皮刮刀
　大動作混拌後，加入 1/3 的低筋麵粉，再
　次混拌。其餘蛋白霜與麵粉也同樣地分二
　次交替加入，每次加入後都要混拌。
4 將 3 裝入擠花袋內，在舖有烤盤紙的烤盤
　上擠成 5 ～ 6cm 的長條。
5 篩上大量糖粉，用 160℃ 預熱的烤箱烘烤
　15 ～ 20 分鐘。

B 沙巴雍
ZABAIONE

從中世紀開始流傳
簡單的甜味蛋黃醬

◆◆◆◆◆◆◆◆◆◆◆◆

種類：湯匙甜點
場合：家庭糕點
構成：蛋黃＋砂糖＋瑪薩拉酒（Marsala）

　只要全心全意地將蛋黃和砂糖攪打成乳霜
狀，就是非常簡單的甜味蛋黃醬。1861 年，
因義大利的統一，添加西西里製作的瑪薩拉
酒，也成了傳統。義大利人常說「從小感冒
時，媽媽都會幫我做唷」，但這個起源其實是
來自薩伏伊家族，習慣搭配薩伏伊手指餅乾一
起吃。

沙巴雍
（6 人份）

材料
蛋黃 ⋯⋯90g
細砂糖 ⋯⋯50g
瑪薩拉酒 ⋯⋯75ml

製作方法
1 在缽盆中放入蛋黃和細砂糖，用攪拌器混
　拌至略呈濃稠狀。
2 加入瑪薩拉酒，隔水加熱地加溫至 80℃，
　同時用攪拌器使其飽含空氣地持續混拌打
　發，當形成膨脹鬆綿的質地時即完成。

A 巧克力布丁
BONET

添加杏仁餅（Amaretti）的巧克力布丁

◆ ◆ ◆ ◆ ◆ ◆ ◆ ◆ ◆ ◆ ◆ ◆ ◆ ◆ ◆

種類：布丁甜點
場合：家庭糕點、咖啡吧‧餐廳
構成：杏仁餅＋牛奶＋可可粉＋砂糖

　　北區東南部朗格（Langhe）的甜點。Bonet 在皮埃蒙特方言中，是「帽子」的意思，據說是當時製作 Bonet 的模型，形似帽子因而得名。十六世紀左右，在可可粉傳入這個地區之前，都是製作沒有添加可可粉的布丁，但可可粉的登場，進入十七世紀後就演變成了現在的巧克力布丁口味了。濃稠的口感正是特徵，苦杏仁和蘭姆酒的香氣很適合搭配可可粉。

巧克力布丁
（直徑 6cm 的布丁模型 / 8 個）

材料
杏仁餅（參考下方）……50g
雞蛋……2 個
細砂糖……120g
牛奶……200ml
蘭姆酒……2ml
可可粉……30g
細砂糖（焦糖用）……50g

製作方法
1　將焦糖用細砂糖和 2 大匙水（用量外）放入鍋中，以中火加熱，不要攪拌地使其焦化至呈焦糖色後，立即分配倒入模型中。
2　杏仁餅用食物調理機攪打成粉狀。
3　在缽盆中放入雞蛋和細砂糖，以攪拌器混拌至濃稠。加入 2、完成過篩的可可粉、蘭姆酒、牛奶，充分混拌至全體融合，再倒入 1 的模型中。
4　放入以 150℃ 預熱的烤箱，烤盤中加入熱水，隔水蒸烤約 30 分鐘。

B 杏仁餅
AMARETTI

帶著隱約苦味的杏仁餅乾

◆ ◆ ◆ ◆ ◆ ◆ ◆ ◆ ◆ ◆ ◆ ◆ ◆ ◆ ◆

種類：餅乾
場合：家庭糕點、糕點店
構成：杏仁粉＋砂糖＋蛋白

　　原型誕生於阿拉伯，據說是中世紀文藝復興時期推廣至全歐洲。之後，經過皮埃蒙特的薩伏伊家族，才成為現在的樣貌，因此成為皮埃蒙特的地方糕點。名字是由單字「amaro」，意思是「苦的」而來。苦味正是苦杏仁原本的風味，但在日本無法購得，因此改以苦杏仁精替換。

杏仁餅
（約 16 個）

材料
杏仁粉……75g
細砂糖……75g
蛋白……25g
苦杏仁精……5 滴

製作方法
1　在缽盆中放入杏仁粉和細砂糖，輕輕混拌。
2　加入攪打至 8 分打發的蛋白霜、杏仁精，以橡膠刮刀混拌至全體混合。
3　在舖有烤盤紙的烤盤上，排放搓圓成直徑 2.5cm 的球狀。用 170℃ 預熱的烤箱烘烤約 15 分鐘，烘烤至外側呈硬脆狀態。

義式奶酪
PANNA COTTA

極度簡單，極度美味

◆◆◆◆◆◆◆◆◆◆◆◆◆◆◆◆◆◆◆◆◆◆◆◆◆◆◆◆◆
● 種類：布丁甜點　　● 場合：家庭糕點、糕點店、咖啡吧・餐廳
● 構成：鮮奶油＋砂糖＋明膠

　在日本餐廳的點心中，最有名的莫過於義式奶酪了。這款意思為「煮過的鮮奶油」的糕點，正如其名就是在鮮奶油中加入砂糖和明膠，加熱使其溶化後，倒入容器，冷卻凝固，也可以說就是鮮奶油的布丁。在義大利全境，不論是家庭、餐廳，各種場合都很受歡迎。

　起源眾說紛紜。有人說是在 1900 年代初期，居住在朗格地方的匈牙利女性製作的；也有人說是從阿拉伯傳來的西西里點心，白色杏仁牛奶布丁（Bianco Mangiare →P201）就是這款糕點的原型 ...。進入 1900 年後才有的這一點，據說正確無誤，但雖然是近代的事，反而卻無法更加釐清。不過，皮埃蒙特的酪農興盛，乳製品產量很多，或許也是在此誕生的原因之一。

　原本會澆淋上焦糖醬，但近年來出現很多色彩繽紛莓果類醬汁的搭配，模型的大小也很多變。

　跟朋友們詢問了關於義式奶酪的配方後，意外地發現更多是牛奶和鮮奶油各半的作法。或許最近因為健康取向的潮流，喜歡輕盈口感的人也增加了吧。僅使用鮮奶油會相當的濃稠，作為餐後甜點會過於厚重。「傳統正是隨著時代的演進而逐漸產生少許變化，才能成為傳統地被存留下來」。雖然不記得是誰說過的話，但確實是如此吧。若過度拘泥於「不能改變」，就會被時代的洪流所排除進而消失。要能夠隨著時代的洪流與時俱進地變化，才能傳承下來。這就是深奧、傳統糕點的世界。

◆◆◆◆◆◆◆◆◆◆◆◆◆◆◆◆◆◆◆◆◆◆◆◆◆◆◆◆◆
義式奶酪（5 人份）

材料

鮮奶油 ……200ml
細砂糖 ……40g
香草莢 ……1/3 根
板狀明膠 ……4g
焦糖醬
└ 細砂糖 ……50g
└ 水 ……50ml

製作方法

1　板狀明膠放入水（用量外）中浸泡 10 分鐘，還原成柔軟狀態。
2　將鮮奶油、砂糖、從香草莢刮出的香草籽放入鍋中，以小火加熱，即將沸騰前加入擰乾水分的 1，充分混拌。
3　倒入容器內，置於冷藏室 3 小時冷卻。
4　製作焦糖醬。在小鍋中放入水加熱至沸騰。在平底鍋內放入細砂糖用中火加熱，煮至呈茶色焦化後，一口氣加入熱水，用刮杓迅速混拌，離火。冷卻後澆淋在 3 上。

A

B

A 瓦片餅乾
TEGOLE

充滿堅果和奶油的豐富滋味，
瓦片形狀的餅乾

◆▼◆▼◆▼◆▼◆▼◆▼◆▼◆

種類：餅乾
場合：家庭糕點、糕點店
構成：堅果＋低筋麵粉＋砂糖＋奶油＋蛋白

　　阿爾卑斯山麓，位於與瑞士國境相交之處，奧斯塔地方（Aosta）的餅乾。略呈圓形，與赤陶（Terra cotta）的瓦片（tegola）形狀相似，而以此命名。有著堅果的香氣與豐富奶油味，具酥脆感的脆餅，濃郁香醇的滋味也正是寒冷地區點心的特色。奧斯塔的街道，都能看到排放在店門口成箱的餅乾禮盒。最常見的就是搭配科湟巧克力蛋奶醬享用。

瓦片餅乾
（約 60 片）

材料

帶皮杏仁果 …… 80g
榛果 …… 80g

A
[細砂糖 …… 200g
低筋麵粉 …… 60g
香草粉 …… 適量
鹽 …… 1 小撮]
融化奶油 …… 60g
蛋白 …… 4 個

製作方法

1 杏仁果和榛果用食物調理機攪碎成粉狀，放入缽盆中。加入 A 混拌，加入融化奶油繼續混拌。

2 蛋白攪打成 8 分打發的蛋白霜，加入 1 中，避免破壞氣泡地混拌至滑順。

3 在舖有烤盤紙的烤盤上，用湯匙將 2 舀起攤平成直徑 4cm 的薄片，用 180℃ 預熱的烤箱烘烤約 10 分鐘，烘烤至周圍略呈烤色為止。

4 從烤箱取出後，趁熱放上擀麵棍輕輕按壓餅乾作出圓弧形狀。

B 科湟巧克力蛋奶醬
CREMA DI COGNE

盪暖了阿爾卑斯山麓冬天的
巧克力奶霜

◆▼◆▼◆▼◆▼◆▼◆▼◆▼◆

種類：湯匙甜點
場合：咖啡吧 · 餐廳、家庭糕點
構成：蛋黃＋鮮奶油＋牛奶＋砂糖＋巧克力

　　科湟，是白朗峰山麓大帕拉迪索國家公園（Gran Paradiso）中廣為人知的據點。也可以說是巧克力版沙巴雍（→P22）的這款蛋奶醬，在冬季極嚴寒的此地，將瓦片餅乾浸泡在營養滿點的蛋奶醬中享用，想必能溫暖身心吧。但是，不要知道這款蛋奶醬的卡路里會更幸福。

科湟巧克力蛋奶醬
（4 人份）

材料

蛋黃 …… 4 個
細砂糖 …… 120g
牛奶 …… 500ml
鮮奶油 …… 250ml
苦甜巧克力（切碎）…… 50g
香草粉 …… 適量

製作方法

1 在鍋中放入蛋黃、細砂糖 80g，用攪拌器混拌至顏色變白、變濃稠。

2 在另外的平底深鍋放入牛奶、鮮奶油，以中火加熱至人體肌膚的溫度。加入切碎的巧克力，不斷地攪拌使巧克力溶化。倒入 1，撒入香草粉，充分混拌。

3 在平底鍋放入其餘的細砂糖，加熱至略呈焦糖色，倒入 2 並充分混拌。

卡尼斯脆莉

CANESTRELLI

加入煮熟的蛋黃呈現酥鬆口感

種類：餅乾　　●場合：家庭糕點、糕點店

構成：蛋黃＋低筋麵粉＋玉米澱粉＋奶油＋砂糖

在義大利，說它是無論哪個超市都看得到的餅乾也不為過，源自於利古里亞（Liguria），農民所創的這款餅乾，最初出現在中世紀的利古里亞內陸地區，據說曾經是婚禮或宗教慶祝活動時使用。餅乾會裝入小提籃，所以就以「Canestrelli」來命名。利古里亞大區，塔賈（Taggia）街頭的卡尼斯脆莉，就是正中央有著圓孔的甜甜圈形狀；而在皮埃蒙特大區，形狀像薄的格子鬆餅（waffle）般的餅乾，也一樣用這個名字，無論哪種都因為裝入小提籃而得此命名。

乍看之下，是花形的普通餅乾，但特徵在於製作方法。居然是用煮過的蛋黃加入材料之中。這是為了呈現酥鬆的口感，若是像一般餅乾放入新鮮雞蛋，材料會產生黏性，無法表現出這種特殊的口感，加入煮熟的蛋黃可以抑制黏性。製作之前，可能會擔心...只用熟蛋黃真能將材料整合成團嗎？實際製作看看就會發現，將材料整合成手感極佳的麵團一點都不難。以花型切模按壓後中央再壓出小孔，放入烤箱烘烤。在躍躍欲試想知道是什麼樣口感的期待中完成，放涼後就可以嚐嚐味道了。酥鬆，或是顆粒般鬆化，總之是非常微妙的細緻口感，完全不同於之前吃過的其他卡尼斯脆莉。

近年來，通貨物流的發達，再遙遠的地方也都能買到傳統糕點了，但也讓我再次體認，果然不在當地無法嚐到真正的原始風味。選一天，為了品嚐最原始的卡尼斯脆莉，前進利古里亞吧。

卡尼斯脆利（直徑 5cm 瑪格麗特花模 / 約 24 個）

材料

蛋黃（煮熟）⋯⋯2 個

奶油（冷卻在冷藏室，使用前取出）

⋯⋯100g

A

　低筋麵粉 ⋯⋯ 100g

　玉米澱粉 ⋯⋯ 65g

　糖粉 ⋯⋯ 50g

　香草粉 ⋯⋯ 少量

製作方法

1. 在缽盆中放入 A 混拌。加入切成 1cm 方塊的冷卻奶油，用手搓揉成粉狀。

2. 煮熟的蛋黃過濾加入，揉捏至全體均勻成團，包覆保鮮膜，靜置於冷藏室約 1 小時。

3. 在工作檯撒上大量手粉，用擀麵棍將麵團擀壓成 1cm 薄片。用直徑 5cm 的瑪格麗特花模按壓，並在中央壓出 1cm 的圓形。

4. 排放在鋪有烤盤紙的烤盤上，以 170℃ 預熱的烤箱烘烤約 15 分鐘，避免呈色地烘烤。直接放置冷卻，篩上糖粉（用量外）。

熱內亞甜麵包
PANDOLCE GENOVESE

熱內亞的耶誕甜麵包

◆◆◆◆◆◆◆◆◆◆◆◆◆◆◆◆◆◆◆◆◆◆◆◆◆◆◆◆
●種類：麵包、發酵糕點　●場合：家庭糕點、糕點店、節慶糕點
●構成：發酵麵團＋糖煮水果＋茴香籽＋葡萄乾

提到耶誕節的發酵糕點，最有名的是潘娜妮 Panettone（→P50），但在利古里亞提到耶誕節，想到的是甜麵包。就添加乾燥水果發酵糕點來說，兩者是相同的，但形狀與口感則完全不同。

傳統的甜麵包，不使用啤酒酵母，僅用麵粉和水使其發酵的天然酵母，花長時間發酵。利古里亞大區的首府熱內亞是港都，自古以來是地中海貿易興盛之地。長時間發酵的甜麵包耐久放，因此非常有助於航海攜帶。此外，從添加了茴香籽、橙花水、瑪薩拉酒，更能一窺當時交易的盛況。

甜麵包，有「Alto（高）」和「Basso（低）」兩種，做成圓頂（cupola）形的 Alto 是傳統形

狀。Basso 是近年來有了泡打粉，可以簡化發酵作業後才出現的，雖然不似傳統般可以那麼長期保存，但卻因簡單而滲透至各個家庭中。

甜麵包遠渡重洋，現在即使在英國，也以「selkirk bannock」之名廣為人知。

瑪薩拉酒（Marsala）是在西西里島的瑪薩拉製作的強化葡萄酒。1861 年義大利統一後，北部也開始使用。

◆◆◆◆◆◆◆◆◆◆◆◆◆◆◆◆◆◆◆◆◆◆◆◆◆◆◆◆

熱內亞甜麵包（直徑 18cm/1 個）

材料

低筋麵粉 ⋯⋯ 250g
啤酒酵母 ⋯⋯ 13g
鹽 ⋯⋯ 2g
奶油（回復室溫）⋯⋯ 50g
溫水（40℃左右）⋯⋯ 25g
瑪薩拉酒 ⋯⋯ 25ml
橙花水 ⋯⋯ 1 小匙

B
葡萄乾（用溫水浸泡還原後擰乾）⋯⋯ 40g
糖煮柳橙（粗粒）⋯⋯ 30g
茴香籽 ⋯⋯ 5g
松子 ⋯⋯ 20g

製作方法

1　在缽盆中放入溫水 40ml（用量外），溶入啤酒酵母和細砂糖 1 大匙左右，加入 30g 低筋麵粉一起混拌，置於溫暖的場所發酵約 30 分鐘。再加入 30g 低筋麵粉混拌，再度發酵 30 分鐘。

2　中央處做出凹槽，加入其餘的低筋麵粉和鹽，其餘的細砂糖、A，揉和至光滑為止。放入 B 再繼續揉和，置於溫暖的地方發酵 2〜3 小時，使其膨脹成 2 倍大小。

3　按壓麵團排出空氣，滾圓後排放在舖有烤盤紙的烤盤上，覆蓋濕潤的布巾，置於溫暖的地方發酵約 2 小時。

4　中央處劃上十字切紋，放入以 180℃ 預熱的烤箱烘烤約 50 分鐘。

杏仁酥

SBRISOLONA

用黃色玉米粉和豬脂製作，品嚐得到質樸風味

◆◆◆◆◆◆◆◆◆◆◆◆◆◆◆◆◆◆◆◆◆◆◆◆◆◆◆◆◆◆◆◆◆◆◆◆◆◆

種類：塔派、蛋糕　●場合：家庭糕點、糕點店
構成：杏仁果＋低筋麵粉＋玉米粉＋砂糖＋豬脂＋蛋黃

來自倫巴底大區（Lombardia）曼切華（Màntova）的人氣糕點，又被稱爲「3 杯蛋糕（orta）」，源自於原始配方以等量的低筋麵、黃色玉米粉和砂糖。受歡迎的原因，就在於可以簡單輕鬆地製作。在一個缽盆中依地加入材料，用手指抓揉混拌 ... 然後放入型烘烤。模型就算沒有圓模，用方形的淺也可以。就是這麼簡單，但味道卻是令人奇的美味。玉米粉的酥鬆顆粒口感，與添了豬脂的酥脆感。這樣的口感，若只用低麵粉和奶油絕對無法呈現。

原本是十六世紀由農民製作的糕點，當時使用的是黃色玉米粉和榛果粉。名稱由「briciole 麵包屑」的意思而來。據說一開始，農民們收集了碾磨穀類時飛散的碎屑，結合豬脂製作。另外，這款糕點本來是用手掰開食用，這也是因爲相較於現在的成品，脂肪含量較少，切開時會鬆散脫落，也有人說這樣看起來又更像麵包屑。之後，因貴族們的喜好在製作時添加了砂糖、杏仁果、檸檬，配方也逐漸產生變化。

現在每個家庭都有自己的食譜配方，雖然「3 杯蛋糕」的比例也逐漸變化，但不變的是它的美味。

◆◆◆◆◆◆◆◆◆◆◆◆◆◆◆◆◆◆◆◆◆◆◆◆◆◆◆◆◆◆◆◆◆◆◆◆◆◆

仁酥（直徑 21cm 的圓模 / 1 個）

料
皮杏仁果（粗粒）⋯⋯175g

低筋麵粉 ⋯⋯95g
玉米粉（cornmeal）⋯⋯60g
細砂糖 ⋯⋯75g
香草粉 ⋯⋯2g
蛋黃 ⋯⋯1 個
檸檬皮 ⋯⋯1/2 個
油（回復室溫）⋯⋯45g
脂（或奶油）⋯⋯35g

製作方法
1 在缽盆中放入 A，混拌。
2 加入回復室溫切成 1cm 方塊的奶油和豬脂，用指尖抓取般地搓成碎粒（屑狀，不需要揉和成團）。加入切成粗粒的杏仁果，略略混拌。
3 將 2 放入塗有奶油（用量外）的模型中，以 180℃ 預熱的烤箱烘烤約 25 分鐘，烘烤至表面金黃呈色為止。

豬脂是將豬背脂熬煮至水分揮發後留下的脂肪，在義大利的超市可以很容易買到。

35

天堂蛋糕
TORTA PARADISO

帕維亞的「天堂蛋糕」

● 種類：塔派、蛋糕　● 場合：家庭糕點、糕點店
● 構成：低筋麵粉＋太白粉＋奶油＋砂糖＋蛋

1878 年，由倫巴底大區帕維亞的糕點師 Enrico Vigoni 創作。據說名稱緣起於一位伯爵夫人吃了一口後讚嘆：「像天堂般的美味啊！」，這款蛋糕也在 1906 年的米蘭博覽會上得到金牌而聲名大噪。製作出天堂蛋糕的元祖糕點店「Pasticceria Enrico Vigoni」，至今也仍在同一地點營業並持續銷售。

另有一說，此糕點起源來自修道院。外出採藥草的修道士從一位年輕女性學習到蛋糕的做法，修道士一邊回想一邊製作蛋糕，發現口感竟是如此細緻又柔軟，再度憶起這位宛如天使般的女士，因此命名為「天堂蛋糕」。之後配方藉由候爵傳至 Enrico Vigoni，由他製作完成。總之，就是一段浪漫的逸事。

天堂蛋糕，與其作為餐後甜點，不如說對喜歡一天始於甜食的義大利人而言，更適合當作早餐。因為加了較多的馬鈴薯澱粉，因此產生入口即化的口感，奶油和雞蛋的香氣綿密鬆軟。雖然看起來十分樸素，完全沒有天堂蛋糕的樣子，但美味程度卻超乎想像。

值得一提的是，西西里也有「天堂蛋糕」。海綿蛋糕浸入了大量糖漿，夾上杏桃果醬，再覆蓋上格柵狀的杏仁麵團烘烤，再塗抹果醬。光用想像就覺得很甜的這款蛋糕，實際上也真是甜得驚人！雖然有朋友笑稱「說是天堂，不如說是地獄蛋糕啊」，但對西西里人而言，這樣的甜是忍不住的美味。義大利的北部和南部，人們想像中的天堂是一樣的嗎，或是截然不同的呢？

天堂蛋糕 (直徑 21cm 的圓模 / 1 個)

材料
- 低筋麵粉 ……80g
- 太白粉 ……80g
- 泡打粉 ……4g
- 奶油（回復常溫）……125g
- 細砂糖 ……125g
- 全蛋 ……2 個
- 蛋黃 ……2 個
- 檸檬皮 ……1/2 個

製作方法
1　混合過篩低筋麵粉、太白粉、泡打粉。
2　將回復常溫的奶油放入缽盆中，用攪拌器輕輕混拌，細砂糖分 3 次加入，每次加入後都用攪拌器攪打至顏色發白。
3　加入各半量的全蛋和蛋黃，每次加入後都用攪拌器充分混拌。
4　將 1 加入 3 中，避免破壞氣泡地大動作混拌，加入檸檬皮混拌。
5　倒入刷塗奶油並撒有低筋麵粉（用量外）的模型中，以 170℃ 預熱的烤箱烘烤 25 ～ 30 分鐘。

小佛卡夏酥餅

OFFELLE MANTOVANE

夾入的內餡消失在麵團中的餅乾

種類：餅乾　●場合：家庭糕點
構成：低筋麵粉基底的麵團＋低筋麵粉基底內餡

倫巴底東部，幾乎與威尼托交界之處，曼圖華（Màntova）當地的餅乾。

Offelle 是取自拉丁語「offa」，意為「小佛卡夏 focaccia」的單字。最初的 Offelle，出現在十五世紀星級主廚，馬蒂諾（Maestro Martino）的著作中。據說是用小麥粉製作的麵團中包覆用起司、蛋白、肉桂、生薑、番紅花的內餡烘烤而成。Offelle Mantovane 的歷史可以追溯到很早以前，現今在糕點店幾乎已經看不到了，已成為家庭點心。

現在的配方不添加起司，而是在麵團內包覆以麵粉為基底，略硬的內餡。因粉類麵團中包覆著麵粉內餡，藉由烘烤使其融為一體，入口瞬間也感覺不到內餡。但咀嚼後鬆脆的表層和略為潤澤的內餡，就能清楚地感受不同的口感。

最近，像這樣逐漸消失的糕點重新受到關注，糕點師也開始製作。糕點師們努力讓快要消失的傳統糕點復活，今後這種酥餅的發展動向也很令人期待。

小佛卡夏酥餅（約30個）

材料

麵團
- 奶油（回復常溫）……110g
- 糖粉……75g
- 蛋黃……3 個（60g）
- 鹽……2g
- 香草粉……適量
- 低筋麵粉……375g

- 低筋麵粉……110g
- 玉米澱粉……45g
- 糖粉……50g
- 蛋黃……2 個
- 融化奶油……40g

- 蛋白……90g
- 細砂糖……60g

糖粉（完成時使用）……適量

製作方法

1　製作麵團。將回復常溫的奶油、糖粉、蛋黃放入缽盆中揉和，加入鹽、香草粉、低筋麵粉，用手抓握般將麵團整合為一，放入冷藏室靜置 1 小時。

2　製作內餡。在缽盆中放入 A，用橡皮刮刀摩擦般地混合拌勻。

3　在另外的缽盆中放入蛋白，分 3 次加入細砂糖，邊加入邊攪拌至 8 分打發，加入 2 中，避免破壞氣泡地用橡皮刮刀大動作混拌。

4　整型。將 1 放在撒了手粉的工作檯上，用擀麵棍擀壓成 3mm 厚，用直徑 8cm 的瑪格麗特花模按壓成形。在麵團的中央放入 3，邊緣用刷子刷塗蛋白（用量外），對折，邊緣用手指按壓確實密合。

5　排放在舖有烤盤紙的烤盤上，以 150℃ 預熱的烤箱烘烤 25 ～ 30 分鐘。冷卻後篩上糖粉。

玉米糕之愛

AMOR POLENTA

玉米粉和杏仁粉的黃色蛋糕

種類：烘烤糕點　　● 場合：家庭糕點、糕點店
構成：玉米粉＋杏仁粉＋低筋麵粉＋砂糖＋奶油

倫巴底西北部瓦雷澤（Varese）的糕點。據說起源於 1960 年代，由糕點師 Carlo Cambeletti 以製作出故鄉的香味氣息為原點所製作。

名為「玉米糕之愛」的蛋糕，在寒冷因而不利小麥生產，土地貧瘠的地區，十五世紀發現美洲大陸後，玉米的栽植技術傳入，磨成粉烹煮後就可以成為主食。之後，也開始發展出使用黃色玉米粉製作的糕點或脆餅。玉米糕是倫巴底地區代表的飲食文化，生活中不可或缺。飽含著這種對玉米糕的熱愛，而製作出這款蛋糕。主要成分是黃色的玉米，所以成品帶著鮮黃色，藉由添加杏仁粉讓口感更潤澤，使用糖粉，所以略帶鬆散的口感也非常有趣。

若要問最喜歡哪個地方，強烈熱愛自己土地的義大利人，答案絕對是「自己生長的故鄉！」。飲食文化也是，糕點就是最能確實反映對土地濃烈情感之處。

玉米粉（cornmeal）雖然是碾磨成粗粒，但基本上使用最接近細碾的產品，完全不會有奇怪的口感。

◆ ◆ ◆ ◆ ◆ ◆ ◆ ◆ ◆ ◆ ◆ ◆ ◆

玉米糕之愛（24×6 cm 的磅蛋糕模 / 1 個）

材料
奶油（回復常溫）……125g
糖粉……115g
全蛋……1 個
蛋黃……2 個
鹽……1g
玉米粉（cornmeal）……40g
杏仁粉……70g
香草粉……少量
低筋麵粉……45g
阿瑪雷托杏仁香甜酒（Amaretto）
　……15ml

製作方法

1 在缽盆中放入回復常溫的奶油、糖粉，用電動攪拌機打發至顏色發白變得濃稠為止。

2 依序加入 1 個全蛋、蛋黃，每次加入後都充分混拌，再加入鹽混拌。

3 放進玉米粉、杏仁粉、香草粉，用攪拌器充分混拌，加入低筋麵粉以橡皮刮刀混拌。輕巧地加入阿瑪雷托杏仁香甜酒，略略混拌。

4 將 3 倒入刷塗了奶油撒入玉米粉的模型中，以 180℃ 預熱的烤箱烘烤約 40 分鐘。冷卻後脫模，篩上糖粉。

瑪西戈特

MASIGOTT

填滿了堅果和葡萄乾的感恩節糕點

◆◆◆◆◆◆◆◆◆◆◆◆◆◆◆◆◆◆◆◆◆◆◆◆◆◆◆

種類：烘烤糕點　　●場合：家庭糕點、糕點店、節慶糕點
構成：低筋麵粉＋蕎麥粉＋玉米粉＋奶油＋砂糖＋雞蛋＋堅果＋糖煮水果

在倫巴底大區，以湖畔渡假勝地聞名受到歡迎的科莫（Como）附近，埃爾巴（Erba）近郊的地方糕點。

在這樣的背景下，雖然不太理解為什麼會創作出這款糕點，但據說是秋天為了向上天感謝收成而製作。到了十六世紀，作為米蘭主教聖嘉祿·鮑榮茂（Santo Carlo Borromeo）呈獻給聖尤菲米婭（St Eufemia）的糕點，現今在埃爾巴，每年10月第三個星期日的Masigott慶典（聖尤菲米婭慶典）時，就能看到很多排放著Masigott的攤販。

Masigott，在當地的方言是「不漂亮、寒酸」的意思，這是因為糕點外觀看起來十分樸素，故而得名。外觀是茶色海參形的塊狀，「不漂亮」的名稱，其實真的很適合形容Masigott。但切開後散發出堅果和柑橘的香氣，可以想見味道絕對不寒酸。添加的蕎麥粉和玉米粉（cornmeal），也是極具倫巴底大區的特色。

此糕點雖然具有相當歷史，但有很長一段時間消失在糕點舞台上，到了1970年代，才藉由埃爾巴的糕點師之手再次重現，進而在2000年正式得到「P.A.T.（Prodotti Agroalimentari Tradizionali Italiani）」義大利傳統地區食品認證。

◆◆◆◆◆◆◆◆◆◆◆◆◆◆◆◆◆◆◆◆◆◆◆◆◆◆◆

瑪西戈特（20×12cm／1個）

材料

奶油（回復常溫）
　……50g
細砂糖……100g
雞蛋……1個
鹽……1小撮
A
┌ 低筋麵粉……100g
│ 蕎麥粉……50g
│ 玉米粉（cornmeal）
│ ……50g
└ 泡打粉……8g

B
┌ 核桃（粗粒）
│ ……25g
│ 松子……25g
│ 葡萄乾 35g
│ 糖煮柳橙（粗粒）
│ ……25g
└ 檸檬皮 1/2個

製作方法

1 B的葡萄乾先用溫水浸泡至柔軟後擰乾水分。將回復常溫的奶油和細砂糖放入缽盆中，用橡皮刮刀混合拌勻。

2 在較小的缽盆中放入雞蛋和鹽攪散，加入1奶油的缽盆中，以攪拌器混拌至呈現滑順狀態。

3 混合過篩A，加入2混拌，整合成團後，放進葡萄乾和B的其他材料，充分混合拌勻。

4 將麵團整型成17×10cm的橢圓形，擺放在舖有烤盤紙的烤盤上。以170℃預熱的烤箱烘烤約40分鐘，烘烤至表面確實出現金黃烤色為止。

巧克力薩拉米
SALAME DI CIOCCOLATO

臘腸形狀的巧克力餅乾

◆ ◆ ◆ ◆ ◆ ◆ ◆ ◆ ◆ ◆ ◆ ◆ ◆ ◆ ◆

● 種類：餅乾
● 場合：家庭糕點
● 構成：脆餅＋可可粉＋奶油＋砂糖＋蛋黃

　　是以倫巴底為中心，北義大利的點心，
但在遙遠的西西里島也有類似的餅乾，稱為
「sarame di turco」。將餅乾敲碎與可可粉混拌，
用蛋黃和奶油使其成團。不僅是外觀看起來
像，連切開的斷面都與薩拉米臘腸一模一樣。
沒有固定使用的餅乾種類，敲碎成粗粒或細
粒，也會有口感上的差異。不需要烤箱就能輕
鬆完成製作，送禮也很受到歡迎。

巧克力薩拉米
(直徑約 4cm 的棒狀 / 1 條)

材料
個人喜好的餅乾（用擀麵棍敲成粗粒）
　　……125g
融化奶油……50g
蛋黃……1 個
細砂糖……50g
蘭姆酒……10ml
可可粉……25g

製作方法
1　在缽盆中放入蛋黃和細砂糖，用攪拌器混
　　拌，加入融化奶油和蘭姆酒後，混拌。
2　在 1 中加入可可粉，用橡皮刮刀混拌使
　　全體融合後，加入敲成粗粒的餅乾，混拌
　　均勻。
3　將 2 放在攤開的烤盤紙上，以烤盤紙包捲
　　整形成直徑 4cm 的圓柱狀。置於冷藏室約
　　2 小時，使其冷卻凝固。

油炸小脆餅
CHIACCHIERE

脆脆酥酥又輕盈
是嘉年華時的油炸點心

◆◆◆◆◆◆◆◆◆◆◆◆◆◆◆◆◆◆◆◆

• 種類：油炸點心
• 場合：家庭糕點、糕點店、節慶糕點
• 構成：低筋麵粉＋砂糖＋雞蛋＋利口酒

　　嘉年華的點心，在義大利各地有不同名稱，
炸脆餅 Bugie（皮埃蒙特）、煎脆甜餅 Crostoli
（特倫提諾）、香煎麵餅 Galani（威尼托）、油
炸小脆餅 Frappe（艾米利亞－羅馬涅）、油炸
麵團 Cenci（托斯卡尼）等，添加的酒類也有
瑪薩拉酒、渣釀白蘭地（Grappa）、聖酒（Vin
Santo）等各不相同。Chiacchiere 是「喋喋不休」
的意思，食用時咔哩咔哩、卡滋卡滋的聲音，
就像是婦女們不停說話的感覺，愛開玩笑的義
大利式命名。

油炸小脆餅
（32 片）

材料
麵團

> 低筋麵粉 ……250g
> 細砂糖 ……25g
> 雞蛋 ……1 個
> 瑪薩拉酒 ……60ml
> 檸檬皮 ……1/2 個
> 奶油（回復常溫）……15g

花生油（炸油）…… 適量
糖粉（完成時使用）…… 適量

製作方法

1　將奶油以外的麵團材料放入缽盆中，混合
　　拌勻。
2　放進回復常溫的奶油，揉和至滑順為止。
　　包覆保鮮膜置於冷藏室靜置約 1 小時。
3　將麵團取出放在撒有手粉的工作檯上，
　　用擀麵棍擀壓成 2mm 厚。用刀子分切成
　　5×10cm 大小，中央劃入兩道切紋。
4　放入 170℃ 熱油中油炸，冷卻後篩上糖粉。

45

小鳥玉米蛋糕

POLENTA E OSEI

裝飾著杏仁膏小鳥的貝爾加莫名產

種類：新鮮糕點　　●場合：糕點店
構成：海綿蛋糕體＋榛果醬＋杏仁膏

　漫步在貝爾加莫（Bergamo）美麗的中世紀街道上，一定到處都可以看到這種黃色蛋糕吧。Polenta e Osei 是倫巴底大區貝爾加莫最具代表性的新鮮糕點。當地商業委員會甚至宣告只有當地製作的才能稱之為 Polenta e Osei，是貝爾加莫金字招牌的名產。

　在當地有網烤狩獵到像麻雀般的小鳥，並與 Polenta（用黃色的玉米粉煮成像粥一樣的料理）一起食用的習慣。Osei 當地方言是「小鳥」的意思。無論是地方料理或糕點，都是以「玉米粥和小鳥」來命名。

　這款蛋糕是以海綿蛋糕體夾入榛果醬，覆蓋黃色杏仁膏。雖然看起來很新奇獨特，但可能是因為添加了榛果醬，吃起來有著令人懷念、熟悉的風味。雖然名稱用了 Polenta，但並沒有使用玉米粉，而是用周圍細砂糖的硬脆口感、黃色表層來呈現。從各種層面來看，可說是充滿義大利人超強想像力的一道糕點。

當地裝飾在蛋糕上的小鳥，是以網烤時倒吊的方式呈現，真實得有點可怕。

小鳥玉米蛋糕（直徑 7cm 的圓頂狀 / 5 個）

材料

基本的海綿蛋糕
（→P222）…… 半量

榛果巧克力奶油餡
┌ 奶油（回復常溫）
│ ……150g
│ 糖粉 ……50g
│ 榛果醬 ……50g
│ 苦甜巧克力（70%，
│ 　隔水加熱融化）
│ ……25g
│ 蛋白 ……50g
└ 細砂糖 ……35g

糖漿
┌ 細砂糖 ……40g
└ 水 ……100ml

表層用
┌ 基本杏仁膏麵團
│ （→P224-A）
│ ……250g
│ 黃色色粉 …… 少量
└ 細砂糖 …… 適量

裝飾用
┌ 基本杏仁膏 ……50g
└ 可可粉 ……1 小匙

製作方法

1　使用基本海綿蛋糕麵糊材料，烘烤出直徑 7cm 的圓頂形狀。

2　製作榛果巧克力奶油餡。將回復常溫的奶油和糖粉放入缽盆中，用攪拌器混拌至鬆軟。加入榛果醬和隔水加熱融化的苦甜巧克力，再次混拌。

3　在另外的缽盆中放入蛋白，邊分成數次加入細砂糖邊攪打至呈尖角直立。加入 2 中，混合拌勻。

4　製作糖漿。在鍋中放入材料，用中火加熱，溶化細砂糖後冷卻。

5　將 1 的海綿蛋糕橫向對半分切，兩邊切開面都塗抹 4 的糖漿。在底部的海綿蛋糕面塗抹 3 的榛果巧克力奶油餡包夾，表面依序塗抹糖漿、榛果巧克力奶油餡。

6　用色粉將表面用杏仁膏麵團染出顏色，薄薄地擀開覆蓋在 5 的表面，撒上細砂糖。

7　製作裝飾用小鳥。杏仁膏上撒可可粉揉和，做成小鳥形狀後放在 6 上。

復活節鴿形麵包
COLOMBA PASQUALE

鴿形的復活節發酵糕點

● 種類：麵包、發酵糕點　　● 場合：糕點店、麵包店、節慶糕點
● 構成：發酵麵團＋糖煮柳橙＋杏仁果基底糖衣

　一接近復活節，鴿子就妝點熱鬧了城市。Colomba 是鴿子的意思，因爲鴿子也是和平的象徵，所以成了復活節的糕點，象徵復活節的還有蛋、兔子、羊等很多各式形狀。其中仿照蛋形的大型巧克力中，會放入稱爲「驚奇 Sorpresa」禮物的復活節彩蛋（Uovo di pasqua→P99）最受到小朋友的歡迎，復活節之前，超市就被鴿子和蛋形巧克力淹沒了。

　和潘娜朵妮（→P50）的麵團相似，但不同之處在於葡萄乾改成了大量的糖煮柳橙。並且在表面淋上含杏仁果的糖衣（glace），撒上杏仁果和珍珠糖烘烤。麵團散發出的鬆軟馨香和柳橙的果香，都在華麗地宣告著春天的造訪，是最符合復活節的糕點。

復活節鴿形麵包（容量 600g 的鴿形模／1 個）

材料

A
- 瑪里托巴（Manitoba）麵粉……95g
- 牛奶……25ml
- 水……65ml
- 啤酒酵母……4g

B
- 瑪里托巴麵粉……65g
- 細砂糖……15g
- 奶油（回復常溫）……15g

C
- 瑪里托巴麵粉……140g
- 細砂糖……90g
- 全蛋……1 個
- 奶油（回復常溫）……50g
- 鹽……10g
- 糖煮柳橙（1cm 方塊）……60g

糖衣
- 去皮杏仁果……25g
- 榛果……25g
- 蛋白……35g
- 細砂糖……35g
- 玉米澱粉……15g

珍珠糖（裝飾用）……10g
帶皮杏仁果（裝飾用）……10g

製作方法

1　製作 A 的麵團。在小缽盆中放入啤酒酵母，加入溫熱至皮膚溫度的牛奶和用量的水使其溶化。在另外較大的缽盆中，連同麵粉一起放入，用橡皮刮刀充分混拌，放在 30℃的場所靜置 2 小時使其發酵。

2　製作 B 的麵團。將 1 的麵團放入攪拌機內，裝上揉麵用的勾狀攪拌棒，加入細砂糖攪拌。少量逐次地加入麵粉，待麵團整合成團後，加入回復常溫的奶油，攪拌至滑順。

3　放回略撒上麵粉（用量外）的缽盆中，置於 30℃的場所靜置 1 個半小時，使其發酵成 2 倍大。

4　製作 C 的麵團。將 3 的麵團放回攪拌機內，加入細砂糖，以揉麵用的勾狀攪拌棒攪拌。少量逐次地加入麵粉，待麵團整合成團後，加入全蛋和鹽，再次攪拌。加入回復常溫的奶油，攪拌至滑順後，放入切成 1cm 方塊的糖煮柳橙，攪拌。

5　放回缽盆中，包覆保鮮膜放入冷藏室靜置約 16 小時。取出後，放在 30℃的場所靜置 2～3 小時使其發酵。

6　取出麵團放在撒有手粉的工作檯上，用刮板將麵團聚攏並滾圓。

7　放入模型中，置於 30℃的場所靜置 2 小時，使其發酵膨脹至模型邊緣的高度。

8　將糖衣的材料放入食物調理機中，攪打至呈滑順狀態，靜置 10 分鐘使其融合。

9　將 8 的糖衣澆淋在 7 的表面，撒上珍珠糖和杏仁果。

10　以 160℃預熱的烤箱烘烤約 50 分鐘，為避免麵團下陷，用串叉穿過模型底部，倒扣放涼。

潘娜朵妮

PANETTONE

滿滿水果的耶誕節發酵糕點

◆◆◆◆◆◆ ● 種類：麵包、發酵糕點　　● 場合：糕點店、麵包店、節慶糕點
構成：發酵麵團＋葡萄乾＋糖煮水果

12 月到來，義大利人就視爲耶誕季節來臨，開始心情雀躍，街上也隨處可見潘娜朵妮。若要說義大利全國性的耶誕糕點，首先提到的一定是潘娜朵妮，原來誕生於倫巴底，但起源的說法眾說紛紜。在日本最爲人所熟知，是名爲安東尼奧（Antonio）的糕點師開始，安東尼奧被暱稱爲 Toni，所以命名爲「Pane di Toni」，之後名稱幾經變化而成了 Panettone。也有一說是古羅馬時代，就存在著這款糕點的原形，中世紀時，到了耶誕節就會習慣添加比平時更多的材料，作成風味十足的麵包。順道一提，Panettone 就是「大麵包」的意思，應該是過去一到了耶誕季，就會使用豐盛的材料來烘烤麵包吧。無論如何，可以確定的是，這是相當久遠以前就開始製作的發酵糕點。

義大利的潘娜朵妮，使用的是以粉類和水產生的天然酵母。是一種長時間，需要每天照看，幾十年來持續續種的酵母。潘娜朵妮在麵團製作前，光是起種酵母，就必須要進行 3 次發酵，整型後再進行最後發酵，烘烤，

也就是合計需要進行 4 次發酵，全部工續需要 3 天慢慢發酵進行。正因爲是長時間發酵，也是潘娜朵妮能保存幾個月的秘訣吧。

糕點師 Iginio Massari 大師、Salvatore de Riso 大師等，現今糕點業界龍頭們在 10 月份的潘娜朵妮糕點師大賽中擔任評審，來自全國各地的糕點師們相互競賽。優勝的潘娜朵妮，之後會在網路上開放販售，總是瞬間秒殺一空。

近年，出現了巧克力風味、開心果風味等，各種的潘娜朵妮，每到這個季節我也會試試新風味，但還是被稱爲古典傳統，添加糖煮柳橙和葡萄乾的吸引。包著潘娜朵妮的袋子一打開，就會飄散出耶誕節的香氣～，是耶誕節期間不可少的應景傳統。

超市中，裝了潘娜朵妮，義大利糕點龍頭品牌的紙箱，堆積如山。

PANETTONE

◆ ◆ ◆ ◆ ◆

潘娜朵妮（直徑 16cm× 高 15cm 的潘娜朵妮模 / 1 個）

材料

低筋麵粉 ⋯⋯250g
瑪里托巴（Manitoba）麵粉
⋯⋯250g
啤酒酵母 ⋯⋯14g
細砂糖 ⋯⋯160g
牛奶 ⋯⋯60ml
蜂蜜 ⋯⋯5g
全蛋 ⋯⋯4 個（200g）
蛋黃 ⋯⋯3 個（60g）
奶油（回復常溫）⋯⋯60g ＋ 100g
鹽 ⋯⋯5g
A
「 糖煮檸檬（5mm 方塊）⋯⋯100g
　糖煮柳橙（5mm 方塊）⋯⋯40g
　葡萄乾（溫水還原擰乾水分）
└　⋯⋯120g

瑪里托巴（Manitoba）麵粉有很
高的蛋白質含量，具有良好的發
酵力，主要用於發酵糕點與麵包
的製作。

製作方法

第 1 回麵團製作

1 在缽盆中放入低筋麵粉、瑪里托巴麵粉，充分混合。
2 在 40℃的溫牛奶中加入啤酒酵母 7g、蜂蜜，使其充分溶解。
3 將 1 的粉類 100g、2 放入攪拌機缽盆中，以揉麵用勾狀攪拌棒攪拌。
4 放在 30℃的場所靜置 1 小時，使其發酵成 2 倍大。

第 2 回麵團製作

5 在攪拌缽盆中放入 4、1 的粉類 180g、其餘的啤酒酵母、全蛋 2 個，用揉麵用勾狀攪拌棒，攪拌至整合成團。
6 加入細砂糖 60g 攪拌，至砂糖完全消失後，分 3 次加入回復常溫的 60g 奶油並攪拌至麵團整合為一。
7 放在 30℃的場所靜置約 2 小時，使其發酵成 2 倍大。

第 3 回麵團製作

8 在攪拌機的缽盆中放入 1 的剩餘粉類、7 的麵團、其餘的全蛋、蛋黃，以揉麵用的勾狀攪拌棒攪拌至滑順為止。
9 加入其餘的細砂糖、鹽攪拌至砂糖完全消失後，分 3 次加入回復常溫的奶油 100g，並攪拌至材料整合成團。
10 放入 A 攪拌，使果乾混入全體。放在 30℃的場所靜置 2 小時，使其發酵成約 2 倍大。

整型烘烤

11 取出麵團放在撒有手粉的工作檯上，用刮板將麵團聚攏並滾圓。
12 放入模型中，置於 30℃的場所靜置 2 小時使其發酵膨脹至模型邊緣的高度。
13 在麵團表面劃入十字切紋，擺放約 10g 的奶油（用量外）。以 180℃預熱的烤箱烘烤約 10 分鐘，再降溫至 170℃烘烤 15 分鐘，再次降溫至 160℃，烘烤約 20 分鐘。為避免麵團下陷，用串叉穿過模型底部，倒扣放涼。

美味醜餅
RUTTI E BUONI

"醜但是好吃"
榛果的烤蛋白餅

◆ 種類：餅乾
◆ 場合：家庭糕點、糕點店
◆ 構成：蛋白霜＋榛果

　　倫巴底瓦雷澤湖畔加維拉泰（Gavirate）的
地方糕點。1878 年時，由糕點師 Costantino
Veniani 所創作，他的糕點店現在仍在加維拉
泰的市中心。蛋白霜和榛果壓碎後再烘烤，因
此口感酥鬆又香氣十足。就如同「美味醜餅」
這樣的點心，在托斯卡尼和西西里也有，前者
幾乎相同，後者則以杏仁果製作。

美味醜餅
（約 20 個）

材料
榛果（烘烤過切成粗粒）⋯⋯ 150g
蛋白 ⋯⋯ 75g
細砂糖 ⋯⋯ 100g
香草粉 ⋯⋯ 少量

製作方法
1　榛果放入 180℃預熱的烤箱烘烤，切成
　　粗粒。
2　蛋白放入缽盆中，輕輕打發，少量逐次地
　　加入細砂糖並同時用手持電動攪拌機攪打
　　至蛋白打發變硬，加入香草粉和 1，充分
　　混拌。
3　移至鍋中用小火加熱，邊用橡皮刮刀不斷
　　混拌，加熱至略略呈色時，離火。
4　在舖有烤盤紙的烤盤上，留出間隔地以湯
　　匙將 3 舀起攤放成直徑 3cm 的圓形。放
　　入以 135℃預熱的烤箱烘烤 40～45 分鐘，
　　確實烘烤至水分完全消失。

米蛋糕

TORTA DI RISO

波隆那地方，基督聖體聖血節的菱形蛋糕

種類：塔派、蛋糕 ● 場合：家庭糕點、糕點店
構成：米＋牛奶＋砂糖＋蛋＋杏仁果＋糖煮香櫞

在艾米利亞－羅馬涅大區波隆那的糕點，也被稱作 Trota di addobbi，在基督聖體聖血節（波隆那也稱爲 Festa dei addobbi）時會製作的糕點。

1470 年開始流傳的古老節慶，每 10 年舉行一次。當時市民們都用紅色衣服裝飾窗邊以示慶祝，也會到鄰居或友人家拜訪。此時拿出來的就是米蛋糕（Torta di riso）。切成小的菱形，再插入如牙籤般的木枝。1400 年代，當時新食材的米和砂糖都非常貴重，只被運用在重要節慶時。

那麼並非米產地的這個大區，爲什麼會留下如此濃厚的米糕點呢。話說在 1900 年代初期，居住在這個大區亞平寧山脈（Appennini）地帶的農家少女們，都會外出前往米產地，皮埃蒙特大區的韋爾切利（Vercelli）工作。當時男性工作可以領到金錢作爲工資，但女性的工資則是以米來支付，可能在工作結束後得到的是 40kg 的米。米在當時是貴重物品，所以也被用在節慶糕點上，現在仍持續這個傳統。

用牛奶烹煮過的米，有非常柔和的風味，杏仁果、香櫞（cidro）、檸檬這些南方的食材，也讓人有異國風味感。再更仔細想想，這些全都是因東方貿易而帶進北部的食材。新穎的食材，作爲貴重材料地被用在節慶糕點裡，已是當地根深蒂固的傳統了。

米蛋糕（14×18cm 方型模 / 1 個）

材料

米（卡納羅利 Carnaroli 品種）……75g
去皮杏仁果（烘烤過切成粗粒）……45g
糖煮香櫞（粗粒）……25g
A
┌ 牛奶……375ml
│ 細砂糖……75g
│ 香草粉……少量
└ 檸檬皮……1/4 個
雞蛋……2 個
阿瑪雷托杏仁香甜酒……45ml
奶油……15g
麵包粉（細）……適量
糖粉（完成時使用）……適量

製作方法

1 在鍋中放入 A，用中火加熱，沸騰後放入米，用小火煮約 20 分鐘，煮至全部的水分都被吸收。

2 移至缽盆中冷卻至皮膚溫度後，加入攪散的雞蛋、用 180℃烤箱烘烤過並切碎的杏仁果、糖煮香櫞、阿瑪雷托杏仁香甜酒，以橡皮刮刀充分混拌。

3 將 2 倒入刷塗奶油撒了麵包粉的模型中，以 180℃預熱的烤箱烘烤約 50 分鐘。冷卻後脫模，篩上糖粉切成菱形。

用方形模製作比較方便切成菱形，但也可以用手邊現有的圓形模製作。

鳥巢麵塔

TORTA DI TAGLIATELLE

手工義大利麵的塔

◆◆◆◆◆◆◆◆◆◆◆◆◆◆◆◆◆◆◆◆◆◆◆◆◆◆◆

種類：塔派、蛋糕　●場合：家庭糕點、糕點店
構成：塔派麵團＋鳥巢麵＋杏仁果＋砂糖＋茴香酒

　僅用麵粉和雞蛋製成的鳥巢麵（Tagliatelle），說是艾米利亞－羅馬涅大區的名產也不爲過。這個歷史可以回溯到文藝復興代，爲了向出生自波吉亞家族（Borgia）有著一頭金髮的費拉拉公爵王妃－盧克雷齊亞·波吉亞（Lucrezia Borgia）致敬而製作，據說這款鳥巢麵就是爲了呈現她美麗的金髮。

　塔皮麵團舖放在模型中，放入混合了砂糖、杏仁果的鳥巢麵烘烤，沒有添加任何使其黏合的液體，所以用刀分切時，容易酥脆地破碎。雖然外型是塔，但完全沒有濕潤的口感，要描述大概會形容成脆餅般的口感吧。

　鳥巢麵本來是寬 8mm 的寬麵，但這個塔大多使用的是更細一點的鳥巢麵。原來的塔用的是新鮮的手工義大利麵，但本書使用的是市售的乾燥義大利麵。

　義大利的超市，貨架上排放的義大利麵，數量和種類多得驚人。雖然說就像米飯之於日本人一般，但在日本超市的米也不會像義大利麵般如此大量。由此可以得知對義大利人而言，義大利麵在生活上多麼不可或缺。像這款義大利麵都被使用在糕點上了，可見義大利人對麵的熱愛！

被稱作食之都的波隆那，有很多銷售新鮮義大利麵的店舖。

街角偶然見到的鳥巢麵塔。撒上大量的糖粉，紮實的甜。

◆◆◆◆◆◆◆◆◆◆◆◆◆◆◆◆◆◆◆◆◆◆◆◆◆◆◆

鳥巢麵塔（直徑 21cm 的塔模 / 1 個）

材料
基本的塔皮麵團（→P222）
　……300g
鳥巢麵（乾麵）……80g
去皮杏仁果（烘烤後切成粗粒）
　……100g
細砂糖……60g
奶油……15g
茴香酒……30ml
糖粉（完成用）……適量

製作方法
1　以 180℃烘烤後再切成粗粒的杏仁果，和細砂糖混拌均勻備用。
2　塔皮麵團用擀麵棍擀壓成 5mm 厚，在模型中刷塗奶油（用量外），舖放麵皮，倒入半量的 1 攤平。
3　鳥巢麵泡軟後瀝乾，輕輕切開鳥巢麵攤放在全體表面，再擺放其餘的 1，全體撒上切成小塊的奶油。
4　以 180℃預熱的烤箱烘烤約 25 分鐘，烘烤至呈金黃色。撒上茴香酒，放涼，篩上糖粉。

潘帕帕托巧克力蛋糕

PAMPAPATO

用巧克力覆蓋表面，費拉拉著名的糕點

◆◆◆◆◆◆◆◆◆◆◆◆◆◆◆◆◆◆◆◆◆◆◆◆◆◆◆◆◆◆◆◆◆◆◆◆

種類：塔派、蛋糕　●場合：家庭糕點、糕點店、節慶糕點
構成：低筋麵粉＋砂糖＋杏仁果＋可可粉＋牛奶＋香料＋糖煮水果＋巧克力

艾米利亞－羅馬涅大區的費拉拉（Ferrara），在文藝復興時期是由埃斯特家族（Este）統治，以文化重鎮聞名的繁榮之地。據說這款糕點始於十六世紀左右，由費拉拉的聖體修道院（Monastero del Corpus Domini）在耶誕節期間製作。

命名原由是來自 Pane del papa，意思為「教皇的麵包」。形似教皇的帽子，加上當時剛傳入義大利的巧克力，如同寶石般昂貴，這款糕點的貴重程度自然不難想像。翁布里亞（Umbria）大區的特爾尼（Terni）也有名為 panpepato 的類似糕點，無論哪一種都添加了胡椒（pepe）而以此為名。雖然沒有表層的巧克力包覆，但同樣是耶誕傳統糕點。

形狀是較低矮的圓頂型，因巧克力包覆著全體表面，因此作看之下十分簡樸，但切開瞬間就飄散出可可、柑橘類、香料等各式香氣，在還沒動口前就先心動不已。沒有添加油脂的蛋糕體比較硬且緊實，所以也能長期保存。

現在，已經變成費拉拉的代表性糕點，糕點店全年都能看到陳列著漂亮包裝的商品。較硬且紮實，比較不容易鬆垮，是很棒的伴手禮，當地人也有在耶誕節期間搭配幸運物（Portafortuna）槲寄生一起贈送的習慣。

◆◆◆◆◆◆◆◆◆◆◆◆◆◆◆◆◆◆◆◆◆◆◆◆◆◆◆◆◆◆◆◆◆◆◆◆

潘帕帕托巧克力蛋糕（直徑 10× 高 3.5cm 的圓頂模／1 個）

材料

A
低筋麵粉 …… 115g
細砂糖 …… 85g
去皮杏仁果 …… 65g
可可粉 …… 40g
糖煮水果（1cm 方塊）…… 55g
肉桂粉 …… 1/2 小匙
丁香粉 …… 1/4 小匙
牛奶 …… 70ml
苦甜巧克力 …… 100g

製作方法

1　杏仁果和細砂糖混合，用食物調理機攪打成細碎狀。

2　在缽盆中放入 1 和 A 的其他材料，少量逐次地邊加牛奶邊用手混拌。整合成團後取出至工作檯上，用蘸了水的手整型成直徑 10cm 的圓頂型狀，擺放在鋪有烤盤紙的烤盤上。

3　以 170℃預熱的烤箱烘烤約 40 分鐘，冷卻。淋上隔水加熱融化的巧克力，直接放至冷卻。

海綿堅果塔

SPONGATA

自古傳承而來的蜂蜜堅果耶誕塔

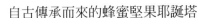

種類：塔派、蛋糕 ●場合：糕點店、家庭糕點、節慶糕點
構成：塔皮麵團＋白葡萄酒、蜂蜜、麵包粉、堅果內餡

也稱爲 Spungata 的耶誕糕點。名字據說是由「sponge ＝ spugna（海綿＝表面凹凸不平）」而來。

起源傳說是羅馬帝國時代，由希伯來人而來，但無論如何都是自古開始流傳的糕點。不只是艾米利亞，包括倫巴底的曼切華、托斯卡尼的卡拉拉（Carrara）、利古里亞的薩爾扎納（Sarzana）等範圍廣闊，僅製作配方略有差異。薩爾扎納的內餡會放入洋李或無花果等乾燥水果，具有溫暖的地方風味。

麵團是熬煮白葡萄酒後，混拌其他材料，內餡是白葡萄酒、蜂蜜、麵包粉（Pangrattato）和堅果，都是使用很具時代感的材料。外觀看起來沒有任何裝飾，但內在散發著蜂蜜和堅果天然的甜味與香料的香氣，是非常豐富飽滿的塔。與其他的耶誕糕點一樣，也是能保存一段時日，耶誕期間烘烤出大型塔，就能隨時享用。

海綿堅果塔（直徑 18cm 的塔模 / 1 個）

材料

麵團
- 低筋麵粉 ……200g
- 細砂糖 ……75g
- 奶油 ……70g
- 白葡萄酒 ……120ml
- 香草粉 …… 少量

內餡
- 白葡萄酒 ……150ml
- 蜂蜜 ……125g
- 麵包粉（Pangrattato）……40g
- 核桃（粗粒）……40g
- 杏仁果（粗粒）……20g
- 松子（粗粒）……15g
- 葡萄乾（粗粒）……15g
- 糖煮香櫞（粗粒）……25g
- 肉荳蔻粉 …… 少量
- 肉桂粉 …… 少量

製作方法

1. 製作麵團。白葡萄酒煮至沸騰酒精揮發，濃縮至呈現半量的程度時，離火放至冷卻。將全部的材料放入缽盆中，揉和至呈滑順狀態，靜置 1 小時。
2. 製作內餡。在鍋中放入蜂蜜、白葡萄酒，以中火加熱煮至沸騰後離火，加入麵包粉混拌，再加入其餘的材料，充分混拌至全體融合，直接放至冷卻。
3. 用擀麵棍擀壓 1 塔皮的半量，舖放至刷塗奶油並撒有低筋麵粉（用量外）的模型中。放入 2 攤開平整之後，其餘的塔皮麵團用擀麵棍擀壓後，覆蓋在表面，切除邊緣多餘的麵團。
4. 在 3 的表面以叉子刺出數個孔洞，用 180℃預熱的烤箱烘烤約 30分鐘。

內餡完成後先靜置幾天，待材料融合滲透後再製作會更加美味。

香料蛋糕
CERTOSINO

大量香料，是波隆那的耶誕傳統

◆◆◆◆◆◆◆◆◆◆◆◆◆◆◆◆◆◆◆◆◆◆◆◆◆◆◆◆◆
種類：塔派、蛋糕　●場合：家庭糕點、糕點店、節慶糕點
構成：低筋麵粉＋砂糖＋可可粉＋香料＋蜂蜜＋堅果＋糖煮水果

　波隆那流傳的耶誕糕點。傳說是基督教派加爾都西會（Ordo Cartusiensis）的修道院（Certosa）所製作，因而以此命名。也被稱為「Panspeziale 香料的麵包」、「Panone 大的麵包」。

　中世紀時，香料和糖煮水果都是由藥局銷售，因此 Certosino 當時就是由藥局製作。之後由修道院接手，現在則是家庭或糕點店到了耶誕節期間必定會製作的經典糕點之一。

　香料蛋糕的準備，據說是從一個月前就開始。本來麵團混拌後就會靜置一週讓材料融合，烘烤後又靜置數週熟成，才是最好的享用時機，聽起來真的是要有長遠時間表的蛋糕。因為放入了大量在當時非常昂貴的材料，因此也有一種說法是，名字取自方言的「Pan spezièl 特別的麵包」，也是 Panspeziale 的語源。

　即使如此，艾米利亞－羅馬涅大區的耶誕糕點真是多得很，全是因為這個地區自古以來都非常繁榮，甜食在當時更是貴重的代表。

◆◆◆◆◆◆◆◆◆◆◆◆◆◆◆◆◆◆◆◆◆◆◆◆◆◆◆◆◆

香料蛋糕（直徑 18cm 的圓模／1 個）

材料

低筋麵粉 ……160g
可可粉 ……15g
泡打粉 ……2g
細砂糖 ……35g
苦甜巧克力
（切成碎塊）……30g
蜂蜜（隔水加熱融化）
……170g
松子 ……30g
去皮杏仁果 ……100g
糖煮香橼（1cm 塊狀）
……40g

前一晚的預備作業
┌ 肉桂棒 ……1/2 根
│ 丁香 ……3 個
└ 紅葡萄酒 ……100ml

糖煮水果（裝飾用）
　……適量

蜂蜜（完成時使用、
隔水加熱融化）
　……適量

製作方法

1 前一晚先將肉桂棒和丁香浸泡在紅酒中，翌日過濾。

2 除了裝飾用和完成使用的材料之外，全部放入缽盆中，用橡皮刮刀混合拌勻。

3 將 2 倒入底部和側面都舖有烤盤紙的模型中，平整表面，覆蓋布巾靜置約 4 小時，使麵團鬆弛。

4 裝飾上糖煮水果，放入以 180℃ 預熱的烤箱烘烤 40～50 分鐘。趁熱用刷子刷塗以隔水加熱融化的蜂蜜，直接放至冷卻。

各種糖煮水果，主要被運用在以耶誕糕點為主的節慶糕點上。

酥粒蛋糕
TORTA SABBIOSA

酥粒般的口感，營養滿滿的蛋糕

◆ ◆

種類：塔派、蛋糕　　● 場合：家庭糕點、糕點店
構成：太白粉＋砂糖＋雞蛋＋奶油

據說是從 1700 年左右，出現於威尼托大區近的特雷維索（Treviso），但沒有更詳細的明。現在無論什麼季節，是各個家庭都能作，當成早餐或點心的蛋糕。

製作方法與分蛋法的奶油蛋糕相同，但粉使用的不是低筋麵粉而是馬鈴薯萃取的太粉。容易鬆散掉落同時有明顯顆粒般的口，所以稱為「像砂粒一般的蛋糕（Torta）」。倫巴底大區的天堂蛋糕（→P36）近似，但堂蛋糕是使用低筋麵粉，因此口感略有同。

義大利的太白粉稱為 Fecola di patate，但除馬鈴薯澱粉之外，還有 Amido di mais（玉澱粉）、Amido di grano（小麥澱粉）。兩者讀法不同是因為製作材料的不同。Fecola馬鈴薯乾燥後碾碎萃取，相較於此，稱作

Amido，則是用玉米或小麥直接磨碎萃取。

小麥主要產地的南部地區，至今仍使用 Amido di grano，在玉米和馬鈴薯栽植盛行的北部地區，則是使用 Amido di mais 和 Fecola di patate 較多。外觀看起來十分相似，但黏著度各不相同，因此替代使用時會造成口感上若干的差異。

那麼，回到這款蛋糕，想要美味製作的訣竅，就是確實使奶油回復常溫，與細砂糖混合，使其確實飽含空氣地打發，就是蛋糕柔軟的秘訣。品嘗時口感非常柔軟輕盈，但實際上卡路里爆棚！這也是可以想見的，因為使用了與粉類等量的奶油和砂糖。搭配咖啡享用，令人忍不住想要伸手多吃一塊，要注意避免超量啊。

◆ ◆

粒蛋糕（直徑 15cm 的圓模 / 1 個）

料

油（回復常溫）⋯⋯100g
砂糖 ⋯⋯100g
黃 ⋯⋯1 個
白 ⋯⋯1 個
檬皮 ⋯⋯1/4 個
打粉 ⋯⋯3g
白粉 ⋯⋯100g
粉（完成時使用）⋯⋯ 酌量

製作方法

1 將回復常溫的奶油放入缽盆中，加入細砂糖用攪拌器充分混拌。

2 加入蛋黃和檸檬皮充分混拌，放入各半量的太白粉和泡打粉，用橡皮刮刀充分混合拌匀。

3 加入另外攪打成 8 分打發的蛋白霜，避免破壞氣泡地大動作混拌。加入其餘的太白粉和泡打粉輕輕混拌，加入其餘蛋白霜，大動作混拌。

4 將麵糊倒入刷塗奶油撒入低筋麵粉（用量外）的模型中，以 180℃ 預熱的烤箱烘烤約 25 分鐘。冷卻後，依個人喜好篩上糖粉。

玉 米 脆 餅
ZALETI

玉米粉製成的脆餅

◆ ◆ ◆ ◆ ◆ ◆ ◆ ◆ ◆ ◆ ◆ ◆ ◆ ◆ ◆

- 種類：餅乾
- 場合：家庭糕點、糕點店
- 構成：玉米粉＋低筋麵粉＋砂糖＋奶油＋牛奶＋
  雞蛋＋葡萄乾＋渣釀白蘭地

　　使用玉米粉製成略呈黃色的這款脆餅，叫
做「gialletti 黃色小東西」就是由此命名，也叫
「zaeti」。添加了接近低筋麵粉倍量的玉米粉，
以及威尼托著名的蒸餾酒－渣釀白蘭地也能增
香。麵團非常柔軟操作困難，所以使用大量手
粉，手掌心蘸上手粉再進行整型。餐後，將餅
乾浸泡在威尼托產的甜味葡萄酒中享用也很
美味。

玉米脆餅（12 個）

材料

A	
玉米粉（cornmeal） 　　……100g	牛奶 ……50ml
低筋麵粉 ……65g	奶油 ……35g
泡打粉 ……3g	雞蛋 ……35g
細砂糖 ……50g	葡萄乾 ……35g
鹽 ……1 小撮	渣釀白蘭地 ……10ml
	糖粉（完成時使用） 　　……適量

製作方法

1. 葡萄乾浸泡在添加適量溫水的渣釀白蘭地
   中還原，擰乾水分。
2. 將 A 放入缽盆中混合拌勻。
3. 牛奶放入小鍋中煮開，之後加入奶油，待
   奶油融化後放進 2。用手揉和混合，放入
   雞蛋、1，用橡皮刮刀混拌，完成十分柔軟
   的麵團，放入冷藏室靜置約 30 分鐘。
4. 在掌心蘸較多的手粉，將麵團放在舖有烤
   盤紙的烤盤上，整型成 12 個長 6cm、寬
   3cm 的橢圓形。以 180℃ 預熱的烤箱烘烤
   約 12 分鐘，放涼後篩上糖粉。

魚形脆餅
AICOLI

約帶著甜味的麵包二度烘烤
經是航海的最佳夥伴

◆ ◆ ◆ ◆ ◆ ◆ ◆ ◆ ◆ ◆ ◆ ◆ ◆ ◆ ◆

種類：麵包、發酵糕點 / 脆餅
場合：家庭糕點、糕點店、麵包店
構成：發酵麵團

名字是方言「小鱸魚」的意思，應該是像魚
外形而來。看起來非常簡單，但製作方法意
地花工夫，特地要做成略帶甜味的麵包，切
薄片再次烘烤。威尼斯仍是繁榮海上共和國
時代，為了方便在航程中攜帶，而將麵包二
烘烤，以提高保存性。到了十八世紀，在威
斯的咖啡店內也開始出現這種脆餅，現在已
是當地早餐不可缺少的種類。

魚形脆餅（約 40 個）

材料

A	B
低筋麵粉 ⋯⋯ 75g	低筋麵粉 ⋯⋯ 125g
啤酒酵母 ⋯⋯ 8g	奶油 ⋯⋯ 25g
溫水 ⋯⋯ 40ml	細砂糖 ⋯⋯ 25g
	蛋白（略打發）⋯⋯ 1/2 個
	鹽 ⋯⋯ 1 小撮

製作方法

1 製作 A 的麵團。在缽盆中放入溫水和啤酒酵母溶化，接著放進低筋麵粉揉和。置於溫暖的地方約 1 小時，使其發酵膨脹成 2 倍大小。

2 製作 B 的麵團。在另外的缽盆中放入全部的材料揉和。整合成團後（即使還留有一點粉也沒關係）加入 1，揉和至全體呈光滑狀態。

3 整型成 20×4cm，覆蓋布巾置於溫暖的地方 1～1 個半小時，使其發酵膨脹成 2 倍大。

4 以 180℃ 預熱的烤箱烘烤約 15 分鐘。放涼後切成厚 3 ～ 4mm 的片狀，以 160℃ 預熱的烤箱再次烘烤約 10 分鐘，烘乾水分。

維琴蒂諾羅盤餅
BUSSOLA' VICENTINO

維察琴的樸實家庭點心

種類：烘烤糕點　●　場合：家庭糕點
構成：低筋麵粉＋奶油＋砂糖＋渣釀白蘭地

十五世紀，在威尼斯共和國（Repùblica e Venèsia）繁榮盛世時期，出現在維察琴（Vicenza）的家庭點心。

羅盤餅（Bussola），登場於1500年代的畫家吉奧瓦尼・安東尼奧（Giovanni Antonio）的濕壁畫[1]（Fresco）中，現在也可以在卡爾多尼奧別墅[2]（Villa Caldogno）裡看到。試著去看看壁畫，可以發現年輕女性手中的托盤上，放著幾個直徑約有10cm左右的環型（Ciambella，在義大利稱為甜甜圈模型）的糕點。這就是維琴蒂諾羅盤餅。即使歲月流轉，因為既簡單又美味，所以在一般市民間廣為流傳，從北部的巴薩諾－德爾格拉帕（Bassano del Grappa）到東部的特雷維索（Treviso），都能看得到。外觀看起來真的是非常簡單樸素，但卻有著令人訝異的悠久古老歷史。順道一提，Bussola在義大利文是羅盤的意思，以此為名的原因，應該是形似羅盤吧。

巴薩諾－德爾格拉帕，以出產冠上此地名的渣釀白蘭地著稱，是一種去掉葡萄皮後蒸餾而成的餐後酒。在食譜配方中加入了大量的渣釀白蘭地，所以也能窺得羅盤餅在當地發跡的原因。看似柔軟的蛋糕，但實際上無論是烘烤前，或烘烤後，都是硬實的口感。

雖然現在大多採用大的環型模（Ciambella）來烘烤，但據說若是到了卡爾多尼奧別墅（Villa Caldogno）所在的卡爾多尼奧（Caldogno）市區，糕點店中陳列的羅盤餅，會如同濕壁畫上出現的樣貌。什麼時候到卡爾多尼奧去看濕壁畫時，也想去嚐嚐看當地羅盤餅的滋味。

[1] 西洋壁畫等的繪畫技巧之一。
[2] 威尼斯貴族卡爾多尼奧家族，在1565年建於郊區的大宅邸，已對外開放參觀。

渣釀白蘭地的酒精濃度是30～60度，依葡萄品種不同而香氣各異。

維琴蒂諾羅盤餅（直徑16cm的環型模／1個）

材料
奶油（回復常溫）……35g
砂糖……35g
蛋液……2個
渣釀白蘭地……30ml
低筋麵粉……165g
泡打粉……6g
鹽……1小撮
珍珠糖……適量

製作方法
1 將回復常溫的奶油和細砂糖放入缽盆中，用攪拌器混拌。分幾次加入蛋液和渣釀白蘭地，每次加入都充分混拌使其融合。
2 加入低筋麵粉、泡打粉、鹽，用橡皮刮刀混拌至滑順為止。
3 倒入刷塗奶油並撒有低筋麵粉（用量外）的模型中，撒上大量珍珠糖，以170℃預熱的烤箱烘烤30～40分鐘。

69

水果甜糕

PINZA

黃色玉米粉和蘋果，口感潤澤的蛋糕

種類：塔派、蛋糕　　●場合：家庭糕點
構成：玉米粉＋低筋麵粉＋牛奶＋水果

　名爲 Pinza 的糕點，在北義大利究竟有多少種呢？本書介紹的 Pinza 是威尼斯的家庭糕點，將水果加在以牛奶烹煮的黃色玉米粉上烘烤而成。威尼托大區從耶誕節開始，至1月6日主顯節期間都有，稱爲 Pinza della Marantega。另一方面在夫留利（Friuli）首府的的里雅斯特（Trieste）旅行時，也曾看過圓形的 Pinza。特倫提諾的朋友則說，他吃過加了麵包和牛奶，長得像塔的 Pinza。波隆尼也有用麵團將稱爲芥末水果（Mostarda）的洋李果包捲起來，細長形的 Pinza。

　Pinza 本來是當地農民製作的糕點，用的是家中多餘的食材。粉類可以用麵包或麵包粉

來取代，不僅限於蘋果，其他的水果也可以。因爲是款可以隨機變化的蛋糕，所以食譜配方多如繁星，讓我也昏頭轉向。用牛奶煮玉米粉，添加蘋果、乾燥水果和堅果混拌後烘烤，是最基本的做法。完成時口感潤澤，搭配威尼托稱爲法拉歌里諾（Fragolino）的草莓利口酒（義大利文 Fragola），或香草風味的熱紅酒，都能在寒冬裡溫暖身心。

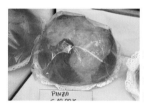

第里雅斯特看到，像麵包的 Pinza，有著柑橘香氣的發酵糕點。

PINZA（直徑 16cm 的圓模／1 個）

材料

低筋麵粉 …… 20g
玉米粉（cornmeal）…… 35g
牛奶 …… 160ml
奶油 …… 15g
泡打粉 …… 2g
細砂糖 …… 20g
蘋果 …… 1/4 個

　葡萄乾 …… 15g
　糖煮柳橙（粗粒）…… 10g
　糖煮檸檬（粗粒）…… 10g
　渣釀白蘭地 …… 20ml
　茴香籽（Anise Seed）…… 少量
　小茴香籽（Fennel seed）…… 少量
糖粉（完成時使用）…… 適量

製作方法

1　在缽盆中放入 A，浸泡恢復柔軟。
2　將低筋麵粉、玉米粉放入另外的缽盆中，均勻混合。
3　在鍋中煮沸牛奶，用攪拌器邊混拌，一邊避免結塊地少量逐次的將過篩的 2 加入，一邊用小火加熱 5 分鐘，煮至舀起時不容易落下的硬度即可。
4　離火，加入奶油、泡打粉、細砂糖，充分混拌後，移至缽盆。
5　加入切成 2cm 方塊的蘋果、1，充分混拌後，倒入舖有烤盤紙的模型中，平整表面。
6　輕輕撒上細砂糖（用量外），以 180℃預熱的烤箱烘烤約 50 分鐘。放涼後篩上糖粉。

酥炸小甜點

FRITTELLE

威尼斯嘉年華的炸點心

◆ ◆ ◆ ◆ ◆ ◆ ◆ ◆ ◆ ◆ ◆
種類：油炸點心　　● 場合：家庭糕點、節慶糕點、糕點店
構成：發酵麵團＋葡萄乾＋松子

接近嘉年華期間，就會熱鬧出現在威尼斯街頭的酥炸小甜點。也稱爲 Fritole，是威尼斯傳統的油炸點心。在夫留利（Friuli）則被稱爲炸糖球（Castagnole），在特倫提諾則是在蘋果外面沾裹麵衣再油炸，製成親戚 Frittelle di pomme。這樣的油炸點心，你可別吃驚，據說是羅馬帝國時代，或是更久遠之前就已經存在。羅馬時代稱爲 Dolci frictilia，由當時油炸小脆餅（Chiacchiere）也是用相同名稱來看，應該所有的油炸點心都以此命名吧。威尼斯的酥炸小甜點歷史，可以回溯到 1300 年。當時並不是像現在這樣，誰都可以製作，而是只有被稱爲 Fritoleri 這個職業的人，才

能在當地製作並販售。令人驚訝的是連職業工會都已經成立。並且 Fritoleri 是採世襲制，由父傳子繼承事業。即使是現在，義大利也仍有許多世襲制的工作，應該都是同一時期開始的習俗吧。

酥炸小甜點是含較多水分的麵團，因此口感較爲 Q 彈。一旦品嚐就能體會勾人的美味。街道上的糕點店內排放著添加了松子和葡萄乾的酥炸小甜點，也有擠入卡士達奶油餡和沙巴雍（→P22）的成品。材料很簡單，也很容易製作，因此家庭廚房常見，堆積如山的酥炸小甜點擺放在餐桌的畫面，非常有義大利風情。

◆ ◆ ◆ ◆ ◆ ◆ ◆ ◆ ◆ ◆ ◆ ◆ ◆ ◆ ◆ ◆

酥炸小甜點（約 20 個）

材料

低筋麵粉 …… 190g
牛奶 …… 95ml
啤酒酵母 …… 10g
細砂糖 …… 40g
檸檬皮 …… 1/4 個
鹽 …… 1 小撮
蛋液 …… 1 個
葡萄乾（用溫水還原擰乾）…… 50g
松子 …… 25g
沙拉油（油炸用）…… 適量
糖粉（完成時使用）…… 適量

製作方法

1 牛奶溫熱至皮膚溫度，用其中部分溶化啤酒酵母。
2 在缽盆中放入低筋麵粉、1 的啤酒酵母、細砂糖、檸檬皮、鹽，用橡皮刮刀混合拌勻。
3 加入蛋液輕輕混拌，加入其餘的牛奶混拌至滑順狀。
4 放進葡萄乾和松子混拌，製作成非常柔軟的麵團。置於溫暖的地方約 1 小時，使其發酵約成 2 倍大。
5 加熱沙拉油至 175℃，用湯匙將麵團舀成圓形放入油鍋，炸至金黃。瀝去油脂，篩上糖粉。

提拉米蘇

TIRAMISÙ

讓人元氣滿滿，用湯匙享用的馬斯卡邦起司甜點

種類：湯匙甜點　　●場合：咖啡吧・餐廳、家庭糕點、糕點店
構成：馬斯卡邦奶油＋咖啡糖漿＋薩伏伊手指餅乾＋可可粉

提到義大利糕點，大家立刻想到的就是提拉米蘇！在日本也廣為人知。1990 年代在日本興起了提拉米蘇風潮，但仔細研究了義大利傳統糕點的文獻，其實找不到提拉米蘇這個名稱。以飲食文化悠久歷史為傲的義大利，這也是最近新登場的糕點。

提拉米蘇的原型是曾經被稱作 Sbatudin 的少巴雍（→P22），在威尼特是將魚形脆餅（→P67）浸泡在其中享用。1981 年，特雷維索的主廚以「提拉米蘇」之名，首次在餐廳推出大受好評。提拉米蘇的意思是「拉我起來！」，以在感冒或疲勞時作為營養補給食用的沙巴雍為基底，所以也含有「美味享用後就會有精神！」的意思。

話雖如此，在查閱托斯卡尼的英式甜湯（Zuppa Inglese→P117）時，想到曾有文獻記載：「梅迪奇家族在招待貴賓所製作的 Zuppa Inglese（公爵的湯）就是提拉米蘇的原型」。內容敘述「Zuppa 的意思是"濕的薄片麵包"，海綿蛋糕浸泡胭脂紅甜酒（Alchermes）後，夾入像奶油餡的糕點，英國人非常喜歡，因此命名為 Zuppa Inglese（英國人的湯），據說是提拉米蘇的原型」。

基本上，沙巴雍和馬斯卡邦起司混合的奶油餡、浸泡濃縮咖啡的薩伏伊手指餅乾（→P22）完成後再撒上大量可可粉。有人會添加鮮奶油，近年來還有草莓提拉米蘇等，從原型衍生了許多華麗的糕點登場。

提拉米蘇 (長邊 18cm 的橢圓形容器 / 1 個、約 10 人份)

材料

蛋黃 …… 2 個
細砂糖 …… 50g
馬斯卡邦起司 …… 250g
薩伏伊手指餅乾 …… 100g
加啡糖漿
　濃縮咖啡 …… 150ml
　細砂糖 …… 25g
可可粉 …… 適量

製作方法

1　在缽盆中放入蛋黃和細砂糖，用攪拌器打發至濃稠。
2　馬斯卡邦起司用橡皮刮刀攪拌至柔軟，少量逐次加入 1，用攪拌器混拌至全體融合。
3　製作咖啡糖漿。在熱濃縮咖啡中，溶入細砂糖放涼。
4　薩伏伊手指餅乾的單面浸泡咖啡糖漿後，在容器內放入 3 排，擺放 2 的半量，平整表面。再一次重覆同樣作業，表面篩上可可粉。

黃金麵包

PANDORO

意思為"金黃色的麵包"的星形耶誕糕點

◆◆◆◆◆◆◆◆◆◆◆◆◆◆◆◆◆◆◆◆◆◆◆◆◆
種類：麵包、發酵糕點　●場合：糕點店、節慶糕點
構成：發酵麵團

「黃金麵包和潘娜朵妮，比較喜歡哪一個？」到了耶誕期間，曾經被朋友這麼問過。

黃金麵包是誕生於維洛那（Verona，威尼托大區）的糕點，但由來眾說紛紜。威尼斯共和國的貴族糕點，是稱為 Pan de oro 圓錐形表面貼上金箔的糕點、當地傳統稱為 Nadalin 的發酵糕點、以及由奧地利傳入的庫克洛夫等，將這些重要元素混合為一，就成了現在的黃金麵包吧。

曾經是糕點師手工製作的糕點，但到了1894 年，生產商「Melegatti」開始將黃金麵包以工廠製作。Melegatti 公司仍在，到了耶誕期間藍色商標的盒子在超市堆積如山。

黃金麵包不像潘娜朵妮，沒有添加乾燥水果，是可以好好品嚐金黃色麵包本身的美味。材料雖然很簡單，但因為必需不斷地重覆發酵，所以需要幾天的製作時間。在黃金麵包的包裝箱內，附有香草風味糖粉的小塑膠袋，將糖粉倒入麵包的袋子內，滿滿地裹在麵包表面。這樣的外觀，怎麼看都很像是耶誕期間，北義大利山峰積雪的景色。

◆◆◆◆◆◆◆◆◆◆◆◆◆◆◆◆◆◆◆◆◆◆◆◆◆

黃金麵包（直徑 18× 高 20cm 的黃金麵包模／1 個）

材料

Biga 義式酵種
　瑪里托巴麵粉（Manitoba）
　　……45g
　啤酒酵母……5g
　溫水……30ml

　瑪里托巴粉……90g
　細砂糖……20g
　啤酒酵母……7g
　全蛋……50g

　瑪里托巴粉……210g
　細砂糖……90g
　蜂蜜……10g
　香草粉……1 小匙
　全蛋……100g（2 個）
　蛋黃……20g（1 個）
　奶油（回復常溫）……125g
糖粉（完成時使用）…… 適量

製作方法

1　Biga（預備發酵種）的材料放入缽盆中混拌均勻，覆蓋保鮮膜靜置一夜，使其發酵。

2　將 A 除了全蛋之外的材料全部加入 1 中，輕輕揉和，加入全蛋繼續混拌至滑順。覆蓋保鮮膜置於溫暖的地方靜置 2 小時，使其發酵至 2 倍大。

3　在 2 的麵團中加入 B 的瑪里托巴麵粉、細砂糖、蜂蜜、香草粉揉和。每次 1 個地加入全蛋，接著加入蛋黃，每次加入都充分揉和，使麵團吸收水分。加入回復常溫的奶油，揉和至完全融入，麵團變軟為止。

4　將麵團放入刷塗奶油並撒有瑪里托巴麵粉（用量外）的模型中，靜置 8～12 小時，使麵團發酵膨脹至模型邊緣的高度。

5　以 170℃預熱的烤箱烘烤約 15 分鐘，降至 160℃烘烤約 30 分鐘。冷卻後篩上糖粉。

珍稀果乾蛋糕

ZELTEN

來自奧地利的耶誕蛋糕

種類：塔派、蛋糕　●場合：家庭糕點、糕點店、咖啡吧・餐廳、節慶糕點
構成：低筋麵粉＋奶油＋砂糖＋雞蛋＋堅果＋糖煮水果

特倫提諾－上阿迪傑的糕餅，一到耶誕節就會展示出各色各樣裝飾的糕點，光是欣賞就讓人覺得開心。

1700 年代，當時被稱爲「Celteno」的 Zelten，是德語「稀少珍貴」的意思，語源來自「Selten」。一整年只特別在耶誕節才會製作，因而以此命名吧。這個大區在與奧地利相鄰的德語圈，現在也仍是可以使用德語的地區。雖是題話外，但到訪很靠近奧地利，美拉諾（Merano）市區的飯店時，服務人員之間使用的是德語，而接待作爲顧客的我，則使用生硬不流暢的義大利文，令我訝然不已。

Zelten 是將乾燥水果和堅果一起混入麵團中烘烤，大區南部的特倫提諾地方，水果和堅果的比例比麵團更多，北部的上阿迪傑（Alto Adige）地方，則相反。形狀除了圓形之外，還有長方形、橢圓形，大小也各不相同，上面的裝飾也沒有特定的排列。

在德語圈的此地，從 11 月下旬～ 12 月下旬之間舉辦的耶誕市集十分有名。耶誕期間到訪，品嚐 Zelten 和熱葡萄酒，也是很令人期待的旅行。

珍稀果乾蛋糕（直徑 18cm 圓模／ 1 個）

材料

奶油（回復常溫）
　……50g
細砂糖……75g
蛋液……2 個
蜂蜜……25g
渣釀白蘭地……1 小匙
鹽……少量
低筋麵粉……150g
泡打粉……8g

A

┌ 無花果乾（切碎）
　……75g
核桃（切碎）
　……50g
糖煮柳橙（切碎）
　……25g
糖煮檸檬（切碎）
　……25g
葡萄乾……50g
└ 松子……25g
去皮杏仁果（裝飾）
　……50g
糖漬櫻桃（裝飾）
　……適量

製作方法

1　回復常溫的奶油和細砂糖放入缽盆中，用攪拌器充分混拌至鬆軟。

2　蛋液以半量分二次加入，每次加入都用攪拌器混拌均勻，待與材料混合後，加入蜂蜜、渣釀白蘭地、鹽混拌。

3　放進低筋麵粉和泡打粉，用橡皮刮刀充分混拌至麵團產生光澤為止，大動作混拌。

4　將 3 倒入刷塗奶油並撒有低筋麵粉（用量外）的模型中，裝飾上杏仁果和糖漬櫻桃後，以 180℃ 預熱的烤箱烘烤約 30 分鐘。

蕎麥蛋糕

TORTA DI GRANO SARACENO

阿爾卑斯才有的蕎麥粉和莓果醬蛋糕

● 種類：塔派、蛋糕　　● 場合：家庭糕點
● 構成：蕎麥粉＋榛果粉＋雞蛋＋奶油＋砂糖＋莓果醬

屬於東阿爾卑斯山、義大利東北部的多羅米提山脈（Dolomiti）周邊的傳統糕點。因此處土地貧瘠很難栽植小麥，從以前開始種的就是蕎麥。蕎麥播種後約 70～80 天就能收成，因此即使是在冬季漫長的阿爾卑斯也能種植。在義大利文中，蕎麥就是「Grano Saraceno」，但在薩拉切諾鎮（Mercato Saraceno）的意思是薩拉森人（Saracen），中世紀指的是伊斯蘭教徒。這大概是因為蕎麥粉傳入希臘或巴爾幹半島，都是經由土耳其人，而伊斯蘭教徒也隨之入境的緣故吧。

蕎麥蛋糕是特倫提諾傳統的家庭糕點，因此幾乎家家都有自己的食譜。麵糊中添加的堅果類，以榛果為首至核桃、杏仁果等，舉凡家裡有的堅果都能磨成粉類使用；蘋果磨成泥狀加入與否都可以，但一定會將藍莓、覆盆子或醋栗等阿爾卑斯能採收的莓果，製成果醬夾入橫切的蛋糕體之間。

蕎麥粉不含麩質，在麩質不耐症日益增加的義大利，也是相當受到矚目的食材之一。鬆化的蛋糕體加上大量的果醬，是質樸又美味的珍品。

蕎麥粉也使用於義大利麵，包裝上記載著無麩質（senza glutine）。

蕎麥蛋糕（直徑 18cm 的圓模／1 個）

材料

奶油（回復常溫）……65g
細砂糖……65g
蛋黃……2 個
蛋白……2 個

A
┌ 蕎麥粉……50g
│ 玉米澱粉……10g
│ 榛果粉……50g
│ 泡打粉……5g
│ 蘋果泥（略擰去水分）……80g
└ 檸檬皮……1/2 顆

藍莓果醬……100g

糖粉（完成時使用）……適量

製作方法

1 在缽盆中放入回復常溫的奶油、半量的細砂糖，用手持電動攪拌機攪拌至顏色發白鬆軟，逐次加入 1 個蛋黃，每次加入後都均勻攪拌。

2 放入 A，用橡皮刮刀充分混拌。

3 在另外的缽盆中放入蛋白，分數次加入其餘的細砂糖，邊加入邊用手持電動攪拌機攪打至 8 分打發的蛋白霜。分二次將蛋白霜加入 2，每次都避免破壞氣泡地用橡皮刮刀混拌至滑順。

4 將麵糊倒入刷塗奶油並撒有低筋麵粉（用量外）的模型中，以 180℃預熱的烤箱烘烤 30～35 分鐘後，冷卻。

5 橫向對半分切，在下層蛋糕體表面塗抹藍莓果醬，再覆蓋上層蛋糕體，篩上糖粉。

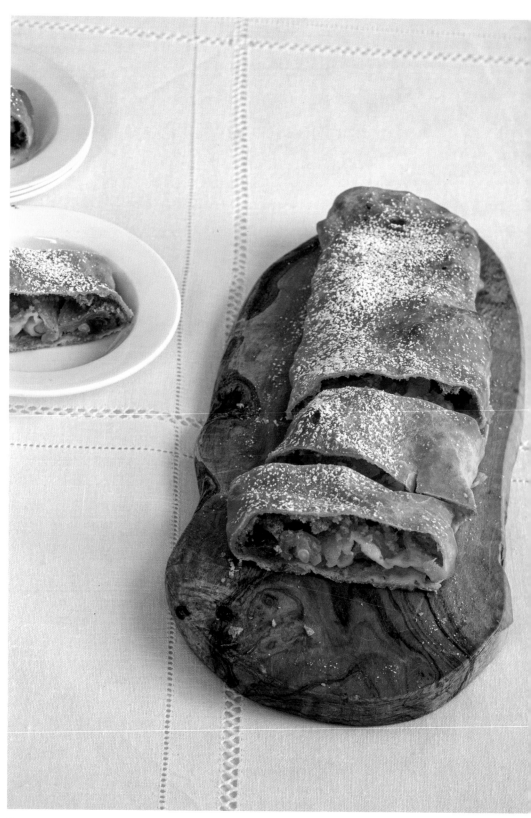

果餡卷
STRUDEL

起源於土耳其，層層捲起的蘋果派

● 種類：烘烤糕點　　● 場合：家庭糕點、糕點店、咖啡吧・餐廳
● 構成：低筋麵粉為基底的麵團＋蘋果、麵包粉等的內餡

在日本也十分知名的果餡卷（Strudel），這款糕點的出生地是奧地利，中世紀的德文是『渦卷』的意思。正如其名，是用薄薄的麵皮包捲蘋果內餡，層層捲起的烘烤糕點。

傳說是在 1800 年代，奧地利帝國統治時期傳入，原本的起源來自土耳其的果仁蜜酥（Baklava）。1520 年前後，鄂圖曼帝國的蘇里曼一世（I. Süleyman），向當時隸屬於土耳其的匈牙利發動侵略，果仁蜜酥就在當時傳入了匈牙利，之後在鄂圖曼帝國屬匈牙利（Ottoman Hungary）統治時，進而傳入此地。

這個大區是義大利著名的蘋果產地，因此果餡卷（Strudel）也以捲入蘋果最為著名，同樣知名的還有莓果類水果，或使用蔬菜肉類的成品。

果餡卷的美味關鍵，與麵皮能擀成多薄有直接關係。麵皮越薄完成時越酥脆，與吸收蘋果汁變得潤澤的內餡，口感相異其趣。樸實的外觀，想像不到其中的無窮美味。

耶誕市集攤商架上排放塞滿了蘋果的果餡卷，可以當場分切。

果餡卷（30×7cm／3個）

材料

麵團
- 低筋麵粉 …… 135g
- 溫水 …… 30ml
- 雞蛋 …… 1個
- 橄欖油 …… 10g
- 鹽 …… 1小撮

內餡
- 麵包粉 …… 60g
- 蘋果 …… 600g
- 檸檬汁 …… 1/2個
- 葡萄乾 …… 50g
- 檸檬皮 …… 1/2個
- 奶油 …… 50g
- A
  - 細砂糖 …… 60g
  - 松子 …… 25g
  - 肉桂粉 …… 1小匙
- 融化奶油 …… 30g
- 糖粉（完成時使用） …… 適量

製作方法

1. 製作麵團。在缽盆中放入全部的材料揉和至光滑後，覆蓋保鮮膜放入冷藏室靜置 1 小時。若麵團仍過於柔軟時，可以酌量補入低筋麵粉至不會黏手的硬度。

2. 製作內餡。在平底鍋中融化奶油，將麵包粉拌炒至呈金黃色後，放涼。

3. 蘋果切成薄片放入缽盆中，加入檸檬汁混拌。放入 A、以溫水（用量外）浸泡膨脹並擰乾水分的葡萄乾、檸檬皮，一起混合拌勻。

4. 將 1 取出放在撒有手粉的帆布巾上，分成 3 等份。各別用擀麵棍薄薄地擀壓成 30×20cm 的大小，擺放在帆布巾上，用刷子刷塗適量融化奶油。

5. 在麵皮上推開攤平 2 的麵包粉，再擺放 3 內餡，將帆布巾提起從自己向前開始包捲，捲到最後收口朝下，兩端朝內折入，封閉開口，整型。

6. 擺放在鋪有烤盤紙的烤盤上，刷塗其餘的融化奶油。用 200℃的烤箱烘烤約 30 分鐘，直接放至冷卻，篩上糖粉。

彎曲炸糕
STRAUBEN

南提洛彎彎曲曲的炸點心

◆◆◆◆◆◆◆◆◆◆◆◆◆◆◆◆◆◆◆◆◆◆◆◆◆◆◆◆◆◆◆◆◆◆◆◆◆◆

種類：油炸點心　●場合：家庭糕點
構成：低筋麵粉＋牛奶＋雞蛋＋砂糖＋果醬

Strauben 之名是由德文「彎彎扭曲著」的意思而來，義大利文的名字叫做「Fortaie」。

稱為南提洛（Tirol）的地方，在 1861 年義大利統一時，還不屬於義大利，而是鄂圖曼帝國屬匈牙利（Ottoman Hungary）的一部分，并入義大利是在 1946 年。雖然現在是特倫提若－上阿迪傑大區，但大區南部的特倫提諾受到威尼托的影響，而北部的上阿迪傑，強烈地受到奧地利的影響，因此雖然是同一個大區，但飲食文化卻截然不同，十分有意思。

順道一提的是，這款彎曲炸糕（Strauben）和32 頁的果餡卷（Strudel），都是上阿迪傑的甜點，也都是在鄂圖曼帝國屬匈牙利（Ottoman Hungary）時代，傳入此地。

鬆軟的麵糊，倒入專用漏斗般的道具內，圈狀劃圓地垂落至高溫的熱油鍋中，雖然看似簡單，但其實有相當的難度。待炸至硬脆時取出盛盤，篩上糖粉和大量藍莓果醬或覆盆子果醬，出鍋即食。周圍硬脆中央鬆軟，隱約中飄散著渣釀白蘭地的香氣，能感受到北義大利風味的一道甜點。

當地耶誕市集中絕不可少，在冷冽的寒風中熱熱的彎曲炸糕，美味無與倫比！

◆◆◆◆◆◆◆◆◆◆◆◆◆◆◆◆◆◆◆◆◆◆◆◆◆◆◆◆◆◆◆◆◆◆◆◆◆◆

彎曲炸糕（直徑 15cm ／ 3 個）

材料

牛奶──250ml
低筋麵粉──200g
鹽──1 小撮
融化奶油──25g
渣釀白蘭地──25ml
蛋黃──3 個
蛋白──3 個
細砂糖──50g
沙拉油（油炸用）── 適量
糖粉（完成時使用）── 適量
依個人喜好的果醬（完成時使用）
　── 適量

製作方法

1 在缽盆中放入牛奶、完成過篩的低筋麵粉、鹽，用攪拌器充分混合。
2 加入融化奶油、渣釀白蘭地、蛋黃，並混拌至全體呈滑順狀態。
3 在另外的缽盆中放入蛋白，少量逐次地加入細砂糖，邊加入邊用攪拌器攪拌至 8 分打發的蛋白霜，加入 2 中，避免破壞氣泡地用橡皮刮刀大動作混拌。
4 將 3 的麵糊放入裝有 5mm 圓形擠花嘴的擠花袋內，彎彎曲地擠到加熱至 190℃的熱沙拉油中，從中央處開始，像描繪般的畫圓，至擠成直徑 15cm 的圓餅狀。
5 炸至兩面金黃，瀝去油脂。盛盤，篩上糖粉，依個人喜好搭配果醬。

甜餡炸麵包

KRAPFEN

填入滿滿果醬和奶油餡的圓形炸麵包

◆◆

種類：油炸點心　●場合：家庭糕點、糕點店、咖啡吧・餐廳、節慶糕點
構成：發酵麵團＋杏桃果醬

原本是嘉年華期間製作的糕點，但全年在咖啡吧或糕點店的櫥窗都看得到，是義大利甜味早餐的經典。

從 Krapfen 這個名字，就能想像出這並非起源於義大利的糕點，據說最初來自德國或奧地利。其中有一種說法是從奧地利的格拉茲（Graz）傳入維也納，之後從奧地利傳入統治北義大利的倫巴第-威尼托王國（Regno Lombardo-Veneto），再由此地推展至各處，在特倫提諾-上阿迪傑大區很受歡迎，因此成為這個地方的傳統糕點。各種說法不一，發源地也無定論，但可以確定無誤的是起源時間是在十八～十九世紀。

嘉年華的糕點以油炸種類居多，這是為了迎接嘉年華之後接著到來的四旬期（會節制飲食、慶祝宴會等，並祈禱、斷食、慈善行事）而做的準備，目的在於蓄積大量的營養。以粉類、雞蛋、牛奶等容易取得的食材為基底，這也是民間廣泛流傳的原因之一。

在義大利這個地區以外，也被稱為 Bomba 和 Bombolone，只有在拿坡里和西西里將 Krapfen 的名稱義大利化，稱作 Graffa。在 1861 年義大利統一前，分別是拿坡里、西西里兩個興盛王國的二大區。回溯糕餅軌跡之時，可以一窺國家歷史，這也是義大利糕點的趣味之一。

◆◆

甜餡炸麵包（6 個）

材料

麵團

┌ 瑪里托巴麵粉（Manitoba）
　……50g
│ 低筋麵粉……200g
│ 全蛋……1 個
│ 細砂糖……15g
│ 牛奶……100ml
│ 啤酒酵母……10g
│ 奶油（回復常溫）……40g
│ 鹽……3g
└ 香草粉……少量
杏桃果醬……75 ～ 100g
蛋白……適量
沙拉油（油炸用）……適量
糖粉（完成時使用）……適量

製作方法

1　牛奶溫熱至皮膚溫度，部分用於溶化酵母。

2　在缽盆中放入瑪里托巴麵粉、低筋麵粉、香草粉混合，加入細砂糖、全蛋，用手混拌。

3　少量逐次地將 1 和其餘的牛奶加入缽盆，邊加入邊確實揉和至光滑。分二次加入回復常溫的奶油，每次加入都揉和至材料融合，最後加入鹽，再次揉和。

4　待麵團表面平整後，覆蓋布巾置於溫暖的地方使其發酵約 30 分鐘。取出放在工作檯上，用擀麵棍擀壓成 5mm 厚，再以直徑 8mm 的壓模切出 12 個圓片。

5　6 片麵皮中央放入分成 6 等份的杏桃果醬，在邊緣刷塗蛋白，並各別覆蓋另一半的圓片麵皮，邊緣用力按壓使其閉合。覆蓋布巾，使其發酵 30 分鐘。

6　用加熱至 160℃的沙拉油，炸至兩面金黃，瀝去油脂，篩上糖粉。

麵包丸
CANEDERLI DOLCI

利用剩餘的麵包製成的甜味丸子

種類：發酵糕點　●場合：家庭糕點、咖啡吧‧餐廳
構成：麵包＋瑞可達起司＋雞蛋＋果醬＋麵包粉

大區北部，上阿迪傑（Alto Adige）的甜點。在日本，德語的 Knödel（馬鈴薯丸子）或許比較爲人所知。雖然使用剩餘的麵包再利用，但除了可以做成甜點，也能做成鹹口味的餐食。

傳說在十五世紀，某個鄉村小屋突然闖進了一群男人，脅迫年輕女孩如果不提供食物就燒掉房子，因此用了當時剩餘的麵包、義式乾燻生火腿（Speck 北義傳統的燻製生火腿）、牛奶、粉類、雞蛋…做成丸子般，燙煮後給他們吃，因爲這個丸子太好吃，這些人吃完後就遵守諾言地離開了。之後，食譜配方不斷地變化，最後就開始有了甜口味的配方。

麵包丸（Canederli dolci）的特徵是外層撒滿麵包粉，中間填入的果醬，以杏桃或洋李等當地水果製成。大區西部的溫施高（Val Venosta），就是利用當地名產的杏桃，在採收當季習慣放入整顆果實。其他還有放入大區製作，稱爲夸克（Quark）的起司、卡士達奶油餡、英式奶油醬（Sauce anglaise）等，各式各樣的配方。

麵包丸（約 10 個）

材料

乳油（回復常溫）……40g
檸檬皮……1/4 個
香草粉……少量

A
- 雞蛋……2 個
- 鹽……1 小撮
- 瑞可達起司（ricotta）……200g
- 低筋麵粉……15g

麵包的白色部分（切成小方塊）……100g

洋李或杏桃果醬……適量

麵衣
- 奶油……50g
- 麵包粉（Pangrattato）……50g
- 細砂糖……50g
- 肉桂粉……適量

製作方法

1　在缽盆中放入回復常溫的奶油，用攪拌器攪拌，放入檸檬皮和香草粉混合拌勻。
2　依序加入 A 的材料，每次加入後都充分混拌。
3　放進切成小方塊的麵包，充分混拌，於冷藏室靜置約 1 小時。
4　預備麵衣。在平底鍋中融化奶油，將麵包粉拌炒至呈金黃色，加入細砂糖和肉桂粉拌勻。
5　以濡濕的手將 3 整型成直徑約 4cm 的球狀，正中央用手指按出孔洞，用湯匙填入果醬，閉合，放入加了鹽（用量外）的熱水中燙煮。
6　趁熱沾裹上 4。

主要以麵包表層部分碾磨製成的麵包粉 Pangrattato。白色柔軟部分粗碾製成的稱爲 Mollica。

蘋果塔

PITE

夫留利家家自古傳承的蘋果塔

◆◆◆◆◆◆◆◆◆◆◆◆◆◆◆◆◆◆◆◆◆◆◆◆◆◆◆◆◆◆◆◆◆◆

種類：塔派、蛋糕　●場合：家庭糕點
構成：塔麵團＋蘋果、堅果等內餡

　Pite 是阿爾卑斯山岳地帶，卡爾尼亞（Carnia）代代傳承應用蘋果的傳統糕點。

　在夫留利，關於蘋果的歷史，能回溯至000 年以上羅馬帝國時代，記錄中提到傳統品種 Mattiana，由羅馬商人使其流通。傳統品種硬且不太甜，現在常見水分豐富又香甜的 Golden Delicious 等，都是新品種，近幾年為了守護傳統品種而開始復興。

　塔麵團中夾著蘋果的樸實糕點，美味的祕密就在於塔皮。展現身為乳製品產地，在麵團中不使用雞蛋而改用融化奶油來結合材料。因此，塔皮柔軟中帶著酥鬆的奇異口感，再搭配確實烘烤過的蘋果。過去為了能延長保存期限，會將麵粉和奶油一起加熱再製作麵團。「piter」在當地的方言是「容器」，就是以放入容器烘烤而得名。在沒有瓦斯爐的時代，以炭火加熱料理，據說這個塔就是用當地種植的捲心菜葉，包捲模型再放入炭裡烘烤。烘烤期間，滿室馨香充滿夫留利當地的風情滋味。

◆◆◆◆◆◆◆◆◆◆◆◆◆◆◆◆◆◆◆◆◆◆◆◆◆◆◆◆◆◆◆◆◆◆

蘋果塔（直徑 15cm 的圓模 / 1 個）

材料

塔麵團
- 低筋麵粉 …… 100g
- 細砂糖 …… 20g
- 檸檬皮 …… 1/4 個
- 泡打粉 …… 2g
- 渣釀白蘭地 …… 10ml
- 融化奶油 …… 65g

內餡
- 蘋果 …… 200g
- 細砂糖 …… 5g
- 核桃（粗粒）…… 10g
- 松子 …… 10g
- 葡萄乾 …… 10g
- 肉桂粉 …… 適量
- 檸檬汁 …… 適量

糖粉（完成時使用）…… 適量

製作方法

1 製作麵團。渣釀白蘭地和融化奶油之外的材料，全部放入缽盆中，用手輕輕混合。加入其餘材料混拌至整合成團，用保鮮膜包覆，置於冷藏室靜置約 30 分鐘。

2 製作內餡。葡萄乾浸泡在溫水（用量外）中還原，擰乾水分。蘋果切成 5mm 厚的扇形。全部的材料放入缽盆中，充分混合。

3 取半量的麵團，用擀麵棍擀壓成模型的大小。舖放至刷塗奶油並撒有低筋麵粉（用量外）的模型中，將 2 放入攤平。

4 其餘的麵團同樣以擀麵棍擀壓，覆蓋在 3 的表面，邊緣用手按壓使其閉合，切除多餘的麵團。

5 以 170°C 預熱的烤箱烘烤約 30 分鐘，冷卻後篩上糖粉。

渦旋麵包

GUBANA

來自斯洛維尼亞的發酵糕點

種類：麵包、發酵糕點　●場合：家庭糕點、糕點店、節慶糕點
構成：發酵麵團＋香料、堅果等內餡

大區東北部，有著濃厚斯洛維尼亞色彩的渦旋麵包（Gubana），語源是斯洛維尼亞語的「Guva 曲折」。

1409 年，教宗額我略十二世（Gregorius PP. XII）造訪奇維達萊德爾夫留利（Cividale del Friuli），在晚宴獻上這款糕點，1700 年代開始普及。最近全年都可以在糕點店看到它，但過去只在耶誕節和復活節等節慶時才會製作。擀壓開的發酵麵團上，擺放大量加了堅果和香料的內餡，包捲起來再捲成渦旋狀。由這兩個步驟應該就能理解名字的由來了。

地處斯洛維尼亞邊境的戈里齊亞（Gorizia），

在咖啡吧內也可以請店家幫忙切開渦旋麵包，店家還會教大家「我們都是將麵包浸泡在斯利沃威茨（Slivovitz 斯洛維尼亞的洋李製成的蒸餾酒）中吃的唷」。承蒙指導，我也浸著吃吃看，堅果和香料的香氣，在高酒精濃度的斯利沃威茨（Slivovitz）提味下，更為擴散。哪天也請到斯洛維尼亞試試看。

看似樸質，但滿滿的堅果。糕點店內排放著各種不同的尺寸。

渦旋麵包（直徑 12cm 的圓模／1 個）

材料

麵團
- 低筋麵粉 …… 120g
- 牛奶 …… 50ml
- 啤酒酵母 …… 7g
- 細砂糖 …… 20g
- 鹽 …… 1 小撮
- 檸檬皮 …… 1/4 個
- 奶油（回復常溫）…… 45g

內餡
- 核桃（粗粒）…… 70g
- 葡萄乾 …… 30g
- 松子（粗粒）…… 15g

- 杏仁餅（→P24、粗粒）…… 20g
- 硬脆餅（Biscotti secchi 粗粒）…… 35g
- 融化奶油 …… 30g
- 檸檬皮 …… 1/4 個
- 肉桂粉 …… 適量
- 丁香粉 …… 少量
- 渣釀白蘭地 …… 40ml
- 蛋白 …… 適量

製作方法

1 製作麵團。牛奶溫熱至皮膚溫度，取部分用於溶解酵母。

2 在缽盆中放入低筋麵粉，在中央做出凹槽，加入奶油之外的麵團材料和 1，用手揉和。整合成團後，分二次加入回復常溫的奶油，每次加入都要揉和至全體融合。置於溫暖的地方 1 小時使其發酵。

3 製作內餡。葡萄乾浸泡在渣釀白蘭地（用量外）還原，擰乾水分。在缽盆中放入除了渣釀白蘭地之外的全部材料混合，待材料融合後，邊視狀況邊添加渣釀白蘭地（參考標準約是 40ml）。

4 將 2 的麵團取出放在工作檯上，用擀麵棍擀壓成 5mm 的厚度，除了靠近自己與外側邊緣之外，將內餡鋪在全體表面。從自己的方向開始向前捲起，在外側的邊緣刷塗蛋白，使接合處確實閉合。

5 將 4 以渦旋狀放入刷塗奶油並撒有低筋麵粉（用量外）的模型中，以 180℃預熱的烤箱烘烤 35 ～ 40 分鐘。

普列斯尼茲卷

PRESNIZ

麵包麵團中包堅著堅果醬

◆ 種類：烘烤糕點　　● 場合：家庭糕點、糕點店、節慶糕點
構成：折疊麵團＋堅果醬的內餡

　　面對亞得里亞海（Mar Adriatico）的城市，第里雅斯特（Trieste）的傳統糕點。第里雅斯特靠近斯洛維尼亞邊境，受到眾多民族影響的地方，其中影響最強的就是奧地利的哈布斯堡王朝（Hapsburg）。義大利人的咖啡吧文化，會站著喝掉濃縮咖啡並迅速離開，但在第里雅斯特受到奧地利傳來的咖啡廳文化影響，習慣坐著享用咖啡，也有好幾間詩人或作家們曾到訪，歷史悠久的咖啡廳。

　　普列斯尼茲卷，原本是復活節的糕點，捲起來的形狀就像是基督的荊棘之冠。填入大量風味濃郁的堅果，可以切成薄片後慢慢品嚐。

　　和渦旋麵包（Gubana→P92）的起源地和形狀都很雷同，但據說普列斯尼茲卷（Presniz）是從宮廷文化而來，渦旋麵包也有別的故事起源，應該可以說是遠親關係吧。

普列斯尼茲卷（直徑約 12cm ／ 2 個）

材料

低筋麵粉 ⋯⋯125g
溫水 ⋯⋯40ml
奶油（回復常溫）⋯⋯100g
鹽 ⋯⋯1 小撮

內餡
┌ 葡萄乾 ⋯⋯120g
│ 蘭姆酒 ⋯⋯30ml
│ 核桃 ⋯⋯120g
│ 去皮杏仁果 ⋯⋯40g
│ 細砂糖 ⋯⋯100g
│ 松子 ⋯⋯40g
│ 糖煮柳橙 ⋯⋯20g
│ 個人喜好的脆餅 ⋯⋯50g
└ 檸檬皮 ⋯⋯1/2 個
蛋黃 ⋯⋯適量

製作方法

1　在缽盆中放入低筋麵粉 75g、鹽、用量的溫水，揉和，待整合成團後，覆蓋保鮮膜，放入冷藏室靜置 1 小時。

2　其餘的低筋麵粉和回復常溫的奶油用手揉和，整型成 8cm 的正方形。包裹保鮮膜放入冷藏室靜置 1 小時。

3　將 1 取出放在工作檯上，邊用低筋麵粉當作手粉，邊用擀麵棍擀壓成 16cm 的正方形。將 2 擺放在中央，將旁邊較長的麵團向中央折入。

4　以擀麵棍擀壓成 30cm 長，進行三折疊，將麵團轉向 90°。同樣再擀壓成 30cm 長，進行三折疊，包覆保鮮膜，放入冷藏室靜置 1 小時。之後再重覆二次作業。

5　製作內餡。葡萄乾浸泡蘭姆酒 30 分鐘，待變軟後擰乾水分。將全部的材料放入食物調理機攪打成膏狀，分成 2 等份，各別搓揉整型成直徑 2cm、長 35cm 的圓柱狀。

6　將 4 的麵團取出放至工作檯上，用擀麵棍擀壓成 40×30cm 的大小，再對分半切成 40×15cm 的大小麵皮 2 片。在靠近自己的麵皮上擺放 5，向外捲起，其餘的也同樣製作。由一端像渦旋般地捲起，擺放在舖有烤盤紙的烤盤上。

7　用刷子將蛋黃刷塗在表面，以 190°C 預熱的烤箱烘烤約 20 分鐘。

在第里雅斯特糕點店內的普列斯尼茲卷，現在整年都能品嚐得到。

義大利的巧克力文化

提到現在的義大利糕點，其中必不可少的是巧克力。但回顧西元前義大利糕點漫長的歷史，巧克力卻是十六世紀後才開始出現的新食材。

巧克力的原料可可，是西元前 2000 年左右，在中美洲開始栽植。始於此地的馬雅文明（西元前二十年～西元前十六世紀），和阿茲特克（Azteca）文明（十四～十六世紀），據說是將可可的豆子搗碎成為膏狀後加入水，放進香草、辣椒，以滋補強壯為目的而飲用。而且原本作為祭神之用，是貴族專屬的不老靈藥，十分珍貴。

傳到歐洲是在十六世紀，哥倫布發現新大陸之後的事了。1521 年由侵略阿茲特克帝國的西班牙征服者－埃爾南•科爾特斯（Hernán Cortés），以戰利品之姿將此「神的食物」帶回自己的國家，獻給了當時的西班牙王，同時也是拿波里和西西里王的查理五世（德語：Karl V）。當時可可豆特有的苦味與酸味無法被接受，西班牙修道院的研究結果，是用砂糖和牛奶作成易於入口的飲品，也就是現在甜味巧克力飲品的起源。這樣的飲品在西班牙王侯、貴族、上流階級間大為流行，因為在阿茲特克帝國被稱為「xocolatl（xoco ＝酸、latl ＝水）」，因此西班牙人將它命名為「chocolate」。

在義大利同一時期，傳到了西班牙統治下的西西里島莫迪卡（Modica），之後的十六世紀後半，再傳入了北部的杜林（Torino）。當時以杜林作為根據地的薩伏伊公爵－伊曼紐爾•菲利貝托（Emanuele Filiberto），因指揮西班牙帝國軍隊建功，獲得西班牙賞賜而開始喜歡上可可，之後也在杜林的王公貴族間開始流行起來，推廣至庶民則是 100 年之後的事了。

這個時候巧克力還只作為飲品，即便是現在到杜林的咖啡吧也能品嚐到稱為「比切林／bicerin（杜林方言是小玻璃杯的意思）」的熱巧克力、濃縮咖啡、打發鮮奶油層次分明的飲品，始於十八世紀。

我們現在常吃的固態巧克力，是進入十九世紀之後才登場。歐洲全境工業革命開始興盛，荷蘭人 Van Houten 發明了榨取可可的機器，在英國將可可塊中加入可可脂，使巧克力的成分改變，冷卻時凝固、入口即化，產生了現在的巧克力。在瑞士，隨著牛奶巧克力的開發，也發明了能讓巧克力更加光澤滑順的製作機器。杜林也很迅速地引入最新技術，進而發展成義大利的「巧克力之都」。

現在杜林有很多巧克力廠牌，以三角形為標記的榛果口味巧克力「Gianduiotto」就誕生於此。十九世紀，因為可可非常昂貴，為了降低成本而添加榛果，榛果和巧克力的組合，博得義大利人的好評，所以榛果巧克力 Gianduiotto 就成了杜林名產。義大利無人不知，在杜林近郊阿爾巴（Alba）的費列羅

（Ferrero）公司，所生產的能多益榛果巧克力醬（Nutella）也是榛果與巧克力的組合。能多益榛果巧克力醬是義大利人早餐、點心必備，這樣的搭配組合是經典中的經典，不可動搖。

　　義大利最先傳入巧克力的莫迪卡（Modica），現在也是以巧克力著稱的地方。吃起來有點粒狀口感的莫迪卡巧克力就是當地名產。這裡是將可可豆煎焙後，磨碎凝固的可可塊和砂糖，以可可脂的融點45℃加溫凝固而成。45℃無法融化砂糖，因此莫迪卡與杜林的滑順口感不同，反而有殘留著硬粒的口感，但採低溫製作不會損失可可本來的風味。

　　最近佛羅倫斯至比薩（Pisa）的區域，被稱為巧克力谷 Chocolate Valley，有許多嶄露頭角的廠商和創作型的糕點師都集中於此。另外，以杜林或佩魯賈、莫迪卡為首，各個城市也開始創立了大規模的巧克力專賣店，吸引許多海外的顧客。以藥和強身壯體為始的巧克力，到了現今卻是義大利人生活中不可缺少的重要存在。

（左上起橫向）比切林（Bicerin），元祖店是位於 Piazza della Consolata 的「Al Bicerin」／榛果巧克力 Gianduiotto 的標誌，來自杜林戴著面具的喜劇角色「Gianduja」的三角帽，並以此命名／杜林的巧克力店。

（左上起橫向）可可豆是從可可果實中取出果肉和種籽，用香蕉皮包裹一週左右使其發酵乾燥／在可可塊、細砂糖中，僅添加香草、辣椒、肉桂等香料製作出的莫迪卡巧克力／切開就能看見細砂糖的結晶。到了冬天將小麥澱粉溶化在熱可可中飲用，能溫暖身體也能補充營養。

義大利的宗教活動與節慶糕點

義大利的首都－羅馬，環繞著天主教會最高權利機構梵蒂岡。
自古以來，義大利的飲食文化與宗教有著緊密的關連與發展，
與宗教節慶相關的糕點為數眾多。

1月6日
主顯節（Epifania＝公現節）✛

　　慶祝耶穌基督誕生，東方三賢士到訪之日。耶穌基督誕生於 12 月 25 日，1 月 6 日首次顯露給外邦人，因此稱為主顯節。另一個與宗教無關，在這天稱為貝法娜（Befana）的巫婆，會送給小朋友們禮物。乖孩子可以收到巧克力和糖果，壞孩子會得到木炭。

● 水果甜糕（Pinza）→P70

2～3月
嘉年華（Carnevale／狂歡節）

　　義大利文Carnevale的語源來自拉丁文的「carne vale（與肉告別）」，日文也譯為謝肉祭。為了體會耶穌基督的受難，從復活節前46天開始的「四旬期」，就是不吃肉類和糕點的期間。嘉年華開始於四旬期的前6天，接下來要與肉暫時告別，因此吃肉狂歡。在義大利各地都會舉行歡慶活動，期間糕點店也會排滿嘉年華糕點，家庭也會製作，雖然不是假日，但學校會放假。

● 油炸小脆餅
　（Chiacchiere）→P45
● 酥炸小甜點（Frittelle）
　→P72
● 甜餡炸麵包（Krapfen）
　→P86
● 佛羅倫斯蛋糕
　（Schiacciata alla
　Fiorentina）→P112

● 嘉年華蛋糕
　（Migliaccio Dolce）
　→P142
● 卡諾里（Cannoli）
　→P190
　潘泰萊里亞之吻
　（Baci di Pantelleria）
　→P194

出現在貝法娜日，送給壞孩子的木炭，是黑色的砂糖點心。顆粒的口感，剝成小塊和濃縮咖啡一起享用也很美味。

聖約瑟夫節（Festa di San Giuseppe）的麵包節慶時，教會的聖壇擺滿裝飾麵包。每一個麵包都象徵著繁榮、豐饒、幸福…的意思。

3月19日

聖約瑟夫節（Festa di San Giuseppe）

紀念耶穌基督的繼父聖約瑟夫（San Giuseppe）的節日。在義大利特別熱衷信仰，南部地方為紀念聖約瑟夫，大多會有慶祝活動。聖約瑟夫據說會將麵包分送給貧窮的人，所以在西西里各地都會有裝飾麵包的慶祝活動，也是父親節。

● 聖約瑟夫泡芙　　　● 聖約瑟夫炸泡芙
　（Zeppole di San　　（Sfincia di San
　Giuseppe）→P153　　Giuseppe）→P188

3月下旬～4月

復活節（Pasqua）✣

春分月圓之後的第一個星期日，慶祝耶穌基督復活的重要節日。對義大利人而言，與耶誕節同樣重要的宗教活動之一。復活節的前2週，街頭除了鴿子形狀（Columba），還有其他稱為復活節彩蛋（Uovo di pasqua）的大型巧克力蛋。復活節當天，依照慣例家人們會一起午餐，當天的點心也習慣會食用像鴿子形狀或其他復活節糕點。翌日是稱為復活節星期一（Pasquetta）的假日，大家會去郊外野餐或烤肉。

● 復活節鴿形麵包　　● 水煮蛋復活節點心
　（Colomba Pasquale）　（Scarcella Pugliese）
　→P48　　　　　　　　→P164
● 渦旋麵包（Gubana）　● 皮塔卷（Pitta'nchiusa）
　→P92　　　　　　　　→P168
● 普列斯尼茲卷　　　　● 西西里卡薩塔蛋糕
　（Presniz）→P94　　　（Cassata Siciliana）
● 夏拉米可拉蛋糕（Torta　→P196
　Ciaramicola）→P122　● 復活節羔羊（Agnello
● 起司餃（Calcioni）　　Pasquale）→P206
　→P131　　　　　　　● 稜角起司塔
● 小麥起司塔　　　　　（Pardulas）→P210
　（Pastiera）→P148

5月下旬～6月下旬

基督聖體聖血節（Corpus Domini）

崇敬耶穌基督聖體的慶祝節日。會將花朵舖放在通往教會的路上，以示祝福的花毯節（Infiorata），在義大利各地都會舉行。

● 烤布丁（Lattaiolo）→P118

11月1日

諸聖節（Tutti i santi）✣

義大利也將此訂為「Onomastico＝命名日」。所謂的聖人，指的是基督教會正式賦予稱號，可為模範的偉大信徒。在義大利與偉大信徒相同名字的人，習慣會在當天為自己的命名日慶祝。雖然教會年曆上每天都會制定有2～3位聖人，但若是未被制定的聖人，則可在11月1日一起慶祝。

● 葡萄乾脆餅（Papassinos）→P212

復活節彩蛋（Uovo di pasqua）是巨大的巧克力蛋。中間挖空，打開就可以看到藏在裡面稱為驚奇（sorpresa）的小玩具。

11月2日
亡靈節
（Commemorazione dei defunti）

　是死者的靈魂回歸現世的日子，日本有法會和掃墓的習慣。在西西里，到了這天前後，烘焙材料店會擺出家庭製作修道院水果（Frutta Martorana）的模型，而糕點店會陳列各種顏色的修道院水果，作為餐後甜點切成小片享用。

●修道院水果（Frutta Martorana）→P204

12月8日
聖母無染原罪瞻禮
（Immacolata Concezione） ✛

　聖母瑪利亞受到神特別的恩賜，藉由夢境無罪（原罪）地投胎至腹中。義大利從這天起至1月6日的主顯節為止，都算是耶誕期間。本書中提到的「耶誕糕點」等，不僅是在耶誕節當天品嘗，而是在這段期間都會享用。假日當天，很多家庭會總動員一起製作

耶誕糕點、零嘴，供耶誕期間餐後享用。街上堆成小山般的潘娜朵妮，也是這個時節的風景與習俗。

12月25日
耶誕（Natale＝Christmas） ✛

　慶祝耶穌基督的誕生，對義大利人而言是非常重要的一天。這天的午餐是家族和親戚們一起圍著餐桌享用，餐後切開以潘娜朵妮為主的各種耶誕糕點分食。隔天26日是聖斯德望日（St. Stephen's day）也是假日。

●熱內亞甜麵
（Pandolce Genovese）
→P32
●潘娜朵妮
（Panettone）→P50
●潘帕帕托巧克力蛋糕
（Pampapato）→P58
●海綿堅果塔
（Spongata）→P60
●香料蛋糕（Certosino）
→P62
●黃金麵包（Pandoro）
→P76
●珍稀果乾蛋糕
（Zelten）→P78
●渦旋麵包（Gubana）
→P92
●潘芙蕾（Panforte）
→P108

●蛇形杏仁蛋糕
（Torciglione）→P126
●無花果糕（Frustingo）
→P128
●普利亞耶誕玫瑰脆餅
（Cartellate）→P167
●皮塔卷（Pitta'nchiusa）
→P168
●脆餅（Crocette）
→P170
●果仁環形蛋糕
（Buccellato）→P186
●松毬小點心
（Pignolata）→P194
●香脆杏仁糖（Torrone）
→P207

修道院水果（Frutta Martorana），現在不僅限於水果，也有仿照魚或蔬菜等形狀的成品。能保存較長時間，是最經典常見的伴手禮。

各個品牌不同口味和包裝的潘娜朵妮。從大眾品牌到知名糕點店特製，多種選擇

婚禮糕點

義大利的結婚典禮，時間總是很長。在教堂舉行儀式後，接著到別墅庭園或餐廳宴客，從黃昏開始持續到深夜是慣例，半世紀前據說會持續3天。對這樣的義大利人而言，每個最重要的慶祝節日不能少的就是糕點。女眷們為了新郎新娘，會在一個月前就開始進行糕點的製作，也是理所當然的吧。因為據說糕點的數量，與新郎新娘日後的幸福、家族的興盛習習相關。在南部地方現在也仍留有製作大量糕點的習慣，特別是像薩丁尼亞島（Sardegna）的婚禮杏仁塔（Pastissus→P208）和婚禮酥皮糕點（Caschettas→P214），有很多美麗的婚禮糕點。

婚禮上使用糕點的起源，可以回溯到古希臘時代。當時敲碎餅乾撒在新娘頭上，希望得到豐饒與子孫昌盛的祝福。撒出的餅乾屑，被認為是幸運的象徵，賓客們會競相撿拾。到了羅馬時代，會切開新娘頭頂上由大麥和蜂蜜製作的甜麵包，新郎和新娘一起咬住麵包，意喻日後共享人生的誓言，這就是現在婚禮上共同切開蛋糕的起源吧。到了中世紀，開始有了用小型糕點堆疊成大蛋糕的形式，成為現在製作許多小型糕餅的原點。出現象徵純潔，以白色糖衣覆蓋的結婚蛋糕，則是在1800年之後的事了。

那麼，參加結婚儀式一定會收到，有著裝飾的小袋子稱為 Bonboniere，會裝入稱為 Confetti（法文是 Dragée），包覆糖衣的杏仁果。回顧起源，竟然可以溯及古羅馬帝國時代，距今1000年以上，十五世紀的事了。阿布魯佐（Abruzzo）大區的小市鎮蘇爾莫納（Sulmona），當時因十字軍將砂糖帶回此地，而開始製作糖衣果仁，現在這個市鎮也仍以糖衣果仁聞名。

糖衣果仁不僅在婚禮上，也會在各式各樣的慶祝活動中拿到，但婚禮發送的一定是白色。習慣上為了避免分離，數量一定是奇數。婚禮會有5個，傳統代表幸福、健康、子孫繁衍、富貴、長壽。這不僅是對新郎和新娘的祝福，也希望分享給參加儀式的來賓。無論是過去或現在，糕點為大家帶來幸福的心意都是不變的。

在撒丁尼亞島的婚禮中看到的婚禮杏仁塔 Pastissus，糖霜裝飾十分漂亮。

Bonboniere 基本上是將糖衣杏仁用蕾絲包起來，並裝飾花朵。有時也會放在陶瓷的小罐子內。

與糕點相關的義大利節慶

十分重視宗教活動的義大利，在此介紹宗教活動、
季節收成慶典…等，大大小小的節慶活動。

	活動名稱	舉行時間	大區／市鎮	內容	與本書關連頁
2月	巧克力節 / Cioccolentino	2月中旬	翁布里亞／特爾尼	在戀人守護者－聖華倫泰出生的特爾尼 Terni，所舉辦的巧克力節慶。攤販並列，也可以試吃	P96
	杏仁花節 / Sagra del mandorlo in fiore ✤	2月下旬～3月上旬	西西里／阿格里真托	舉行在杏仁果樹開花的時節。攤販並列銷售西西里名產，也可以看到穿著世界各地民族服飾的團體舞蹈。	—
	嘉年華 / Carnevale ✤	嘉年華期間	義大利各地	以威尼斯為首，在維亞雷焦 Viareggio（托斯卡尼）、普蒂尼亞諾 Putignano（普利亞）、夏卡 Sciacca（西西里）等各地舉辦。糕點店內也可看到陳列的嘉年華點心。	P98
3月	卡斯塔尼奧洛節 Sagra del castagnolo	嘉年華期間的星期日	馬凱 Marche／蒙泰聖維托 Monte San Vito	嘉年華的油炸點心，炸糖球 Castagnole (Fritelle) 的節日活動。還有其他的嘉年華油炸點心。	P72 其他
4月	牛軋糖節 Sagra del torrone	復活節星期一 (Pasquetta)	撒丁尼亞島／托納拉 Tonara	可在市中心中世紀街道上，看到現場製作牛軋糖。	P207
	瑞可達節 / Sagra della ricotta	4月下旬	西西里／維齊尼 Vizzini	可以實地看到瑞可達起司的製作。也排滿了西西里的瑞可達起司糕點。1 月在聖安傑洛穆克薩阿羅 (Sant'Angelo Muxaro) 也會舉行。	P176 其他
	義式冰淇淋節 / Gelati d'Italia	4月下旬～5月上旬	翁布里亞／奧爾維耶托 Orvieto	可以品嚐到代表義大利 20 個大區的 20 種冰淇淋。	P220
5月	聖菲西奧節 / Festa di Sant'Efisio ✤	5月1日	撒丁尼亞島／卡尼亞里	是撒丁尼亞島最大的節慶，用民族服飾、節慶糕點和麵包來慶祝。	—
	義式冰淇淋節 / Festival del gelato artigianale	5月下旬	馬凱 Marche／佩薩羅 Pesaro	有各式各樣的義式冰淇淋，也有著名糕點店現場製作表演。	P220
	卡尼斯脆莉節 / Sagra del canestrel	5月下旬	皮埃蒙特／蒙塔納羅 Montanaro	有卡尼斯脆莉現場製作的表演。	P30
	起司餃節 Sagra del calcione	5月下旬～6月上旬	馬凱 Marche／特雷伊阿 Treia	可以品嚐到各種起司餃的風味。	P131
8月	榛果節 / Sagra della nocciola	8月中旬～下旬	皮埃蒙特／科爾泰米利亞 Cortemilia	可以品嚐使用榛果製作的糕點和料理，也能試喝各種當地的葡萄酒。	P16
9月	麵包丸節 Sagra dei canederli	9月中旬	特倫提諾－上阿迪傑／維皮泰諾 Vipiteno	市區中心會出現長桌，擺放從鹹味餐食類到甜點類約 70 種麵包丸 (Canederli)，也有提洛民族服裝的表演。	P88
	玉米脆餅節 Meliga day	9月下旬	皮埃蒙特／聖安布羅焦迪托里諾 Sant'Ambrogio di Torino	使用黃色玉米粉製成 Meliga 的活動，會有眾多銷售當地特產品的攤販。	P138
	品味沙龍 Salone del Gusto ✤	9～10 月的第一週（2 年 1 次偶數年）	皮埃蒙特／杜林	慢食運動協會主辦的傳統食品展示會，每 2 年一次結集全義大利的生產業者，糕點業者大部分也都會參加。	—
	開心果博覽會 EXPO Pistacchio	9月下旬～10月上旬	西西里／布龍泰	由開心果著稱的布龍泰主辦，能品嚐到開心果糕點和料理，全西西里的特產品都會參加設攤。	P178

* 「Sagra」是以慶祝收成為起源的慶典。
  大多是村鎮等級的小規模活動，也有些交通並不太方便，但相當能感受到當地收成時歡樂的氣氛。
* ✦＝相較之下，集客規模較大的慶典。
* 每年有無舉辦、時間、內容可能變動，造訪前請事先確認。

活動名稱	舉行時間	大區／市鎮	內容	與本書關連頁面
栗節／Sagra delle castagne di Marradi (FI)	10 月每週日	托斯卡尼／馬拉迪 Marradi	佛羅倫斯郊外的小村莊，排放著以烤栗子為主，各種當地產品的攤販市集。第三週的週末在福基亞爾多 Focchiardo（皮埃蒙特）也會舉辦。	P106
提拉米蘇日／Tiramisù Day	10 月上旬	威尼托／特雷維索	邀請糕點師進行提拉米蘇競賽和製作表演。	P74
上阿迪傑麵包與果餡卷市集 Mercato del Pane e dello Strudel Alto Adige	10 月上旬	特倫提諾－上阿迪傑／布雷薩諾內 Bressanone	可以嚐到當地的麵包和料理，以及果餡卷 Strudel，還有過去小麥脫殼方法的實演。	P82
蘋果慶典 POMARIA	10 月第 2 週的週末	特倫提諾－上阿迪傑／Casez di Sanzeno	蘋果收成祭。有許多使用蘋果的糕點，當地特產及地方料理，還有烹飪表演、料理教學等。	P70 其他
國際栗子展 Fiera nazionale di marrone	10 月中旬	皮埃蒙特／庫內奧 Cuneo	市中心會有以傳統方式烤栗子實演。還有許多使用栗子的糕點、起司、蜂蜜等當地特產品及工藝品。	P106
梅爾蘋果節 Mele a Mel	10 月中旬	威尼托／梅爾 Mel	展出稀有品種的蘋果、當地特產，還能品嚐地方料理。也有民族服裝及民族音樂的演出。	P70 其他
栗子祭 La castagna in Festa	10 月中旬	托斯卡尼／阿爾奇多索 Arcidosso	能嚐到使用栗子的料理、糕點，還有眾多的特產品攤商。	P106
瑪西戈特節／Sagra del masigott	10 月中旬	倫巴底／埃爾巴	在埃爾巴的中央廣場排滿瑪西戈特 Masigott，廣場上有臨時架設的小餐酒館，可以就地品嚐當地料理。	P42
歐洲巧克力節 Euro choccolato ✦	10 月中旬～下旬	翁布里亞／佩魯賈	是義大利著名巧克力產地佩魯賈舉行的巧克力節，從世界各地吸引 100 萬人參與，有攤商也可試吃。	P96
巧克力城 Cioccolandia	11 月上旬	阿布魯佐／佩斯卡拉 Pescara	來自義大利各地的巧克力師都集中於此，舉行巧克力的試吃及販售。	P96
蘋果蜂蜜節 Sagra Mele Miele	11 月上旬	皮埃蒙特／巴切諾 Baceno	蘋果和蜂蜜為主的地區，小型生產者主辦的商品展示，也有養蜂相關的迷你講座。	P90
巧克力節 Coccola To'	11 月上旬～中旬	皮埃蒙特／杜林	在巧克力之都杜林舉辦的巧克力節慶。有很多試吃、巧克力實作體驗。	P96
牛軋糖節 Festa del torrone	11 月中旬	倫巴底／克雷莫納 Cremona	在中央廣場可以試吃以牛軋糖為首的各種地方糕點和特產品。	P207
巧克節 Chocofest	11 月下旬～12 月上旬	佛里烏利－威尼斯朱利亞／格拉迪斯卡－迪松在 Gradisca d'Isonzo	有說明和實地表演的巧克力節慶。攤商成列，街上到處可見巧克力。	P96
潘娜朵妮慶 Re Panettone ✦	11 月下旬～12 月上旬	倫巴底／米蘭	來自義大利各地，實力堅強的糕點師都會參加，做出獨創的潘娜朵妮。二天活動約有 2 萬人參與。	P50
巧克力慶 Chocomodica	12 月上旬	西西里／莫迪卡	於市中心，不僅是莫迪卡當地，還有來自義大利全國的巧克力廠商來此設攤。	P96, 180
西西里甜點節 Dolce Sicily	12 月下旬	西西里／卡爾塔尼塞塔 Caltanissetta	以牛軋糖為主，可以品嚐到西西里的甜點風味，也有為數眾多的小吃攤位，還能試吃剛作好的瑞可達起司。	P207 其他

CENTRO
中部

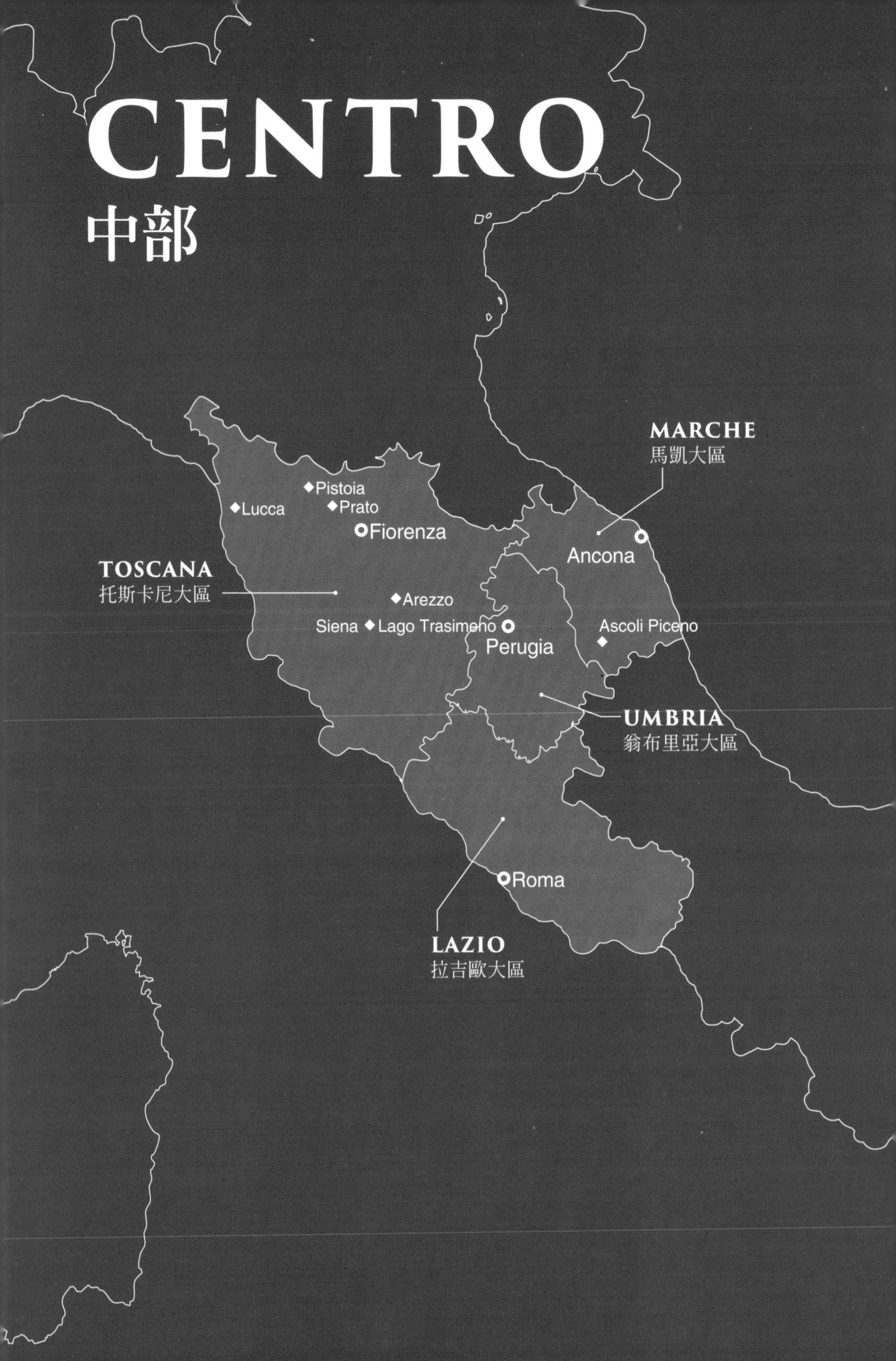

Pistoia
Lucca Prato
◆ Fiorenza

Ancona

TOSCANA
托斯卡尼大區

Arezzo
Siena ◆ Lago Trasimeno
Perugia

Ascoli Piceno

UMBRIA
翁布里亞大區

Roma

LAZIO
拉吉歐大區

混合了多樣飲食文化的地區。
以丘陵採收的栗子和堅果，
烘焙出源於農民的樸實糕點

擁有首都羅馬，和文藝復興之都佛羅倫斯的義大利中部。幾乎是南北狹長義大利半島正中央的位置，這個地方自古因伊特拉斯坎文明（Etruscan civilization）和古羅馬帝國而繁榮昌盛，之後也因位於南部和北部的中央，混合了兩方的食材與飲食文化，而發展至今。

美麗綿延的丘陵地帶盛產軟質小麥，托斯卡尼的山間能採收優質栗子，製作出許多使用栗粉的糕點。因文藝復興時期梅迪奇家族的興盛，使得華麗的宮廷糕點得以發展；另一方面，源於農民，以簡單食材製作出樸實美味的糕點也很多。被稱為「綠色心臟」的翁布里亞，使用的是堅果；而鄰近的馬凱則在堅果之外還添加乾燥水果來製作糕點，而且馬凱在十九世紀義大利統一之前，分為好幾個小領地，因此處處留有當地獨特的脆餅也是特色之一。

擁有首都羅馬的拉吉歐，有著自羅馬時代一直傳承下來的樸實糕點，華麗的傳統糕點較少，則是因為古羅馬帝國繁榮之後，這個地區並沒有出現像中世紀梅迪奇家族般，強大有力的王公貴族吧。話雖如此，現今許多糕點的原型，傳承自久遠時代，讓人不得不感歎古代羅馬帝國的偉大。

栗香蛋糕
CASTAGNACCIO

用栗子粉製作，帶著隱約甜味的農村糕點

◆◆◆◆◆◆◆◆◆◆◆◆◆◆◆◆◆◆◆◆◆◆◆◆◆◆◆◆◆◆◆◆

種類：塔派、蛋糕　　●場合：家庭糕點、糕點店
構成：栗粉＋葡萄乾＋堅果＋迷迭香

托斯卡尼全區都有，起源於農民的糕點。在利弗諾（Livorno）稱爲 Toppone、盧卡稱作Torta di neccio、阿雷佐則是叫做 Baldino。栗子產地的托斯卡尼，特別是北部穆傑洛（Mugello）的栗子，被公認是味道香濃的優良品。

栗香蛋糕必須使用秋天採收的栗子製成栗子粉，所以只能在秋冬製作。栗子粉的傳統製程，要剝除栗子的表皮，之後要燻烘、乾燥，再碾磨成粉。只會在栗子採收期間上架販售，是種季節限定的商品，賣完了就得等明年秋天的貴重食材。

栗香蛋糕以托斯卡尼的糕點廣爲人知，但沿著亞平寧山脈能採收到栗子的地方，利古里亞、倫巴底、皮埃蒙特等地，都很普及。對這些地方而言，栗子是寒冬期間很重要的營養來源，可以用於料理也能用於糕點。利古里亞會放入增添香氣的迷迭香或茴香籽；皮埃蒙特會加入杏仁餅（Amaretti→P24）或蘋果，是種口感柔軟的蛋糕，也因各地區而有不同的變化。

托斯卡尼的栗香蛋糕，在食材或製作上都非常簡單，因此取得美味的栗子粉就更顯得重要。不添加砂糖、動物性油脂、雞蛋，但能嚐到栗子粉隱約淡淡的甜味，是非常質樸的糕點。

栗粉（farina di castagne）大多到了冬天就已經斷貨了。

◆◆◆◆◆◆◆◆◆◆◆◆◆◆◆◆◆◆◆◆◆◆◆◆◆◆◆◆◆◆◆◆

栗香蛋糕（直徑 15cm 的圓模／1 個）

材料

栗子粉 …… 100g
水 …… 130ml
松子 …… 20g
葡萄乾 …… 20g
迷迭香（葉）…… 1/2 根
核桃（粗粒）…… 20g
橄欖油 …… 8g
鹽 …… 1g

製作方法

1　葡萄乾浸泡至溫水約 10 分鐘，擰乾水分。

2　將栗子粉放入缽盆中，少量逐次地加水，並用攪拌器混拌，製作成滑順的麵糊。

3　各別留下少量裝飾用的核桃、松子、葡萄乾，其餘的加入 2 中，放入鹽混拌。

4　將 3 倒入刷塗過橄欖油（用量外）的模型中，撒上預留裝飾用的核桃、松子、葡萄乾和迷迭香葉片，再淋上橄欖油。放入以 195℃ 預熱的烤箱烘烤約 35 分鐘，烘烤至表面確實乾燥為止。

潘芙蕾
PANFORTE

中世紀城市西恩納的耶誕糕點

種類：塔派、蛋糕　　●場合：家庭糕點、糕點店、節慶糕點
構成：杏仁果＋低筋麵粉＋蜂蜜＋糖煮水果＋香料

　添加了大量堅果、乾燥水果、香料的**麵糊**，用蜂蜜使其結合再烘烤完成的糕點。

　潘芙蕾（Panforte）最初的形態是使用進入中世紀後才製作出的小麥粉、水、蜂蜜、乾燥水果製出稱為「Pane milato」的成品。這樣像麵包般的成品，經過一段時間會長出霉菌變酸。但小麥粉在當時是很貴重的食材，不捨得丟棄地食用，因為帶著酸味（拉丁文是「fortis」），所以命名為 Panforte。之後進入中世紀全盛期，經由修道院將東方貿易傳入的砂糖、辛香料等新食材加以改良，加入大量糖分、堅果、乾燥水果、香料，成為可以長期保存、又具高營養價值的糕點。因為加入了大量的胡椒（pepe），因此也被稱為「Panpepato」。1296 年，西恩納（Siena）共和國和佛羅倫斯共和國之間的蒙塔佩蒂之戰（Battle of Montaperti），傳說「吃了營養滿點 Panforte 的西恩納軍隊大勝，擊敗人數較多的佛羅倫斯軍隊」。

　現今，在西恩納叫作 Panforte，在翁布里亞（Umbria）則是 Panpepato，都是很容易看到的名產。原先雖然是耶誕期間經常吃的糕點，但現在全年都可以在糕點店內看到。

潘芙蕾（直徑 15cm 的圓模／1 個）

材料

細砂糖 ……40g
蜂蜜 ……40g
低筋麵粉 ……30g
去皮杏仁果（烘烤）……75g
榛果（烘烤）……40g
糖煮柳橙（1cm 方塊）……70g
糖煮香橼（1cm 方塊）……70g
肉桂粉 ……3g
丁香粉 ……1g
肉荳蔻 …… 少量
胡椒 …… 少量
糖粉 …… 適量
※ 烤盤紙 …… 直徑 15cm 的圓形 1 張

製作方法

1 在鍋中放入細砂糖和蜂蜜，用中火加熱使其沸騰。

2 在缽盆中放入糖粉之外的全部材料，用橡皮刮刀充分混拌，少量逐次地加入 1 並同時混合拌勻。

3 在模型底部鋪放白色麵皮（若沒有，則用烤盤紙），側面刷塗融化奶油（用量外），倒入 2 的麵糊，平整表面。

4 篩上糖粉，放入以 170°C 預熱的烤箱烘烤約 30 分鐘。冷卻後再篩上大量糖粉。

白色麵皮是以麵粉做成，像麵包般極薄的麵皮，在彌撒時代表基督聖體，由牧師發給信眾。

杏仁甜餅
RICCIARELLI

西恩納的菱形杏仁餅乾

◆ ◆ ◆ ◆ ◆ ◆ ◆ ◆ ◆ ◆ ◆ ◆ ◆ ◆ ◆

- 種類：餅乾
- 場合：家庭糕點、糕點店
- 構成：杏仁果＋砂糖＋蛋白＋柳橙

　西恩納（Siena）從中世紀流傳至今，柳橙風味的柔軟杏仁烘烤點心。據說隨著十字軍歸國的勇士從東方帶回，經修道院之手重現，與深受阿拉伯影響的西西里杏仁膏（Marzapane）很像。Ricciarelli 的名稱是從十九世紀之後才使用，語源是「緊縮＝arricciare」。表面有著因烘烤而緊縮的龜裂，是其特徵。固定會搭配托斯卡尼的甜葡萄酒、聖酒（Vin Santo）享用。

杏仁甜餅（12 個）

材料

去皮杏仁果 …… 100g	玉米澱粉 …… 10g
糖粉 …… 50g	柳橙皮 …… 1/2 個
水 …… 1 大匙	蛋白 …… 1/4 個

製作方法

1 將杏仁果和糖粉 35g 放入食物調理機中攪打至細碎。

2 其餘的糖粉用用量的水放入小鍋中，以小火加熱使糖粉溶化。

3 在缽盆中放入 1、柳橙皮、玉米澱粉，輕輕混合。放入以攪拌器攪打至略為打發的蛋白和 2，用手揉和成團，包覆保鮮膜放入冷藏室靜置 2 小時。

4 整型成長約 6cm、厚 1cm 的菱形（或橢圓形）12 個，擺放在鋪有烤盤紙的烤盤上。篩上大量糖粉（用量外），以 150℃ 預熱的烤箱烘烤 12 ～ 15 分鐘。

托斯卡尼杏仁硬脆餅
CANTUCCI

含有大量杏仁果的硬脆餅

◆ ◆ ◆ ◆ ◆ ◆ ◆ ◆ ◆ ◆ ◆ ◆ ◆ ◆ ◆ ◆

- 種類：餅乾
- 場合：家庭糕點、糕點店、麵包店
- 構成：低筋麵粉＋杏仁果＋砂糖＋雞蛋

　　也被稱爲 Biscotti di parto，是起源於普拉托（Prato）的脆餅，但現今在托斯卡尼幾乎隨處可見。咀嚼時會出現喀滋的聲音像是歌曲般，所以用 Cantucci（小曲）爲名。Biscotti ＝二次烘烤的意思，正如其名最先是以塊狀烘烤，從烤箱取出分切後，再次放入烘烤是其特徵。因爲非常堅硬，所以也會浸泡托斯卡尼甜葡萄酒或聖酒（Vin Santo）、咖啡享用。

托斯卡尼杏仁硬脆餅
（40 片）

材料
雞蛋 …… 1 個
細砂糖 …… 180g
低筋麵粉 …… 270g
碳酸氫銨 …… 1g
牛奶 …… 10ml
帶皮杏仁果 …… 120g
蛋液 …… 適量

製作方法

1　將雞蛋和細砂糖放入缽盆中，用橡皮刮刀混拌，放進除了杏仁果和蛋液之外的材料。用手抓握般地混拌至全體混合均勻後，放入杏仁果。取出至工作檯上揉和，整合成團。

2　將麵團對半分切，分別整型成 25×4cm 的長橢圓形。排放在舖有烤盤紙的烤盤上，用刷子刷塗蛋液，以 180℃預熱的烤箱烘烤約 20 分鐘。

3　取出，用刀子斜向分切成約 1cm 寬的片狀，切面朝上地排放在烤盤上，以 180℃預熱的烤箱再次烘烤約 10 分鐘，烘烤至水分蒸發。

佛羅倫斯蛋糕
SCHIACCIATA ALLA FIORENTINA

佛羅倫斯的徽紋標記

● 種類：烘烤糕點　　● 場合：家庭糕點、糕點店、節慶糕點
● 構成：海綿蛋糕＋柳橙

　　柳橙豐富的香氣、蓬鬆柔軟，是佛羅倫斯冬季的糕點。傳統是在結束嘉年華，懺悔星期二（Martedì grasso）的時候吃，食用充滿營養的食品，為翌日的齋戒期預作準備，用了大量豬油製作的發酵糕點。1800年偉大的美食家兼作家－佩萊格里諾‧阿圖西（Pellegrino Artusi）所撰寫義大利中北部地方料理的食譜集中，曾以「脂肪的 Schiacciata」之名出現。現在的脂肪則是以橄欖油或奶油替代，也不再進行發酵。這是因為現代的齋戒習慣逐漸消失，生活形式改變，材料和作法也隨之簡化。正如 Schiacciata（壓碎）的意思，基本上蛋糕的高度都在 3cm 以下。糕點店可以分切販售，也有在蛋糕體上橫切，再夾入卡士達奶油餡。

　　那麼，這款糕點表面裝飾的巨大徽紋，經常被認為是「百合」，但實際上是鳶尾花（昌蒲屬）。雖然不清楚為什麼這種花會成為佛羅倫斯的市徽，但據說在羅馬帝國時代，佛羅倫斯近郊的鳶尾花盛開之時，也正是佛羅倫斯市鎮建設之始。紅色鳶尾花的徽紋，在佛羅倫斯隨處可見，一旦到了嘉年華時，糕點店內也會陳列著許多印有此徽紋的點心。

佛羅倫斯蛋糕（18×24cm 方型模／1個）

材料

雞蛋 ……3 個
細砂糖 ……200g
橄欖油 ……50ml

A
┌ 牛奶 ……90ml
│ 柳橙皮 ……1 個
│ 柳橙汁 ……1 個
└ 　（60ml）

B
┌ 低筋麵粉 ……300g
│ 泡打粉 ……16g
└ 香草粉 …… 適量
糖粉（完成時使用）
　…… 50g
可可粉（完成時使用）
　…… 適量

製作方法

1　雞蛋、細砂糖放入缽盆中，用攪拌器攪打混拌至濃稠。少量逐次地加入橄欖油，再少量逐次加入 A 混拌。
2　放入 B，用橡皮刮刀混拌至滑順。
3　將 2 倒入鋪有烤盤紙的模型中，以 170℃預熱的烤箱烘烤約 30 分鐘。放涼後在全體表面篩上糖粉，表面放鳶尾花紋的紙模板，篩上可可粉。

圓頂半凍糕

ZUCCOTTO

為了梅迪奇家族製作，最早的半凍糕（Semifreddo）

◆ 種類：新鮮糕點　　● 場合：糕點店、咖啡吧‧餐廳
◆ 構成：海綿蛋糕＋瑞可達起司餡＋堅果

Zuccotto 是圓頂形狀的新鮮糕點，名字的由來是神職人員所戴的小圓帽 Zucchetto，和十五～十六世紀，士兵們戴的金屬帽 Zuccotto。海綿蛋糕搭配瑞可達起司餡，添加了增香的胭脂紅甜酒（alchermes）。構造上也很簡單，因此變化版本多如繁星。瑞可達起司餡雖然加了大量堅果、巧克力、糖煮水果，但也有將瑞可達起司換成鮮奶油，或在鮮奶油中添加卡士達醬的卡士達鮮奶油（Crema Diplomatica→P225）。

據說這是在十六世紀中期，由貝爾納爾多‧布翁塔蘭提（Bernardo Buontalenti）為了梅迪奇家族所發想出來。他同時是建築家也是藝術家，在美食上也有很深的造詣，製造出能收集隆多的冰雪供夏季使用的貯藏庫，並發明了食品冷凍技術。成功地建構出圓頂型、半冷凍（Semifreddo）口感的新糕點類型，並命名為 Elmo di Caterina（卡特琳娜的帽盔），就是最早的圓頂半凍糕。之後梅迪奇家族的凱薩琳‧德‧梅迪奇（Catherine de Medici）出嫁法國，也將半凍糕帶至法國並廣為流傳。

佛羅倫斯的糕點店，櫥窗中有各式各樣變化的圓頂半凍糕。試著一起品味評比這些風味，應該也是旅行中的樂趣吧。

在酒中浸泡香料的紅色利口酒。現在不使用昆蟲作為染劑，而使用天然的食用色素。

◆◆◆◆◆◆◆◆◆◆◆◆◆◆◆◆◆◆◆◆◆◆◆◆◆◆◆◆◆◆◆◆◆◆

圓頂半凍糕（直徑 15cm 的圓頂模 / 1 個）

材料

基本的海綿蛋糕
　（→P222）……150g

瑞可達起司餡
┌ 瑞可達起司……300g
│ 糖粉……75g
│ 檸檬皮……1/2 個
│ 糖煮柳橙（粗粒）
│ 　……50g
│ 糖煮香櫞（粗粒）
│ 　……40g
│ 苦甜巧克力（粗粒）
└ 　……50g

帶皮杏仁果（烘烤後
切成粗粒）……50g

糖漿
┌ 胭脂紅甜酒
│ 　（alchermes）
│ 　……30ml
│ 水……30ml
└ 細砂糖……10g
可可粉（完成時使用）
　……適量

製作方法

1 製作瑞可達起司餡。瑞可達起司用網篩過濾，杏仁果以 180℃烘烤後切成粗粒。連同其餘的材料一起放入缽盆中混合。

2 製作糖漿。在鍋中放入配方中的水和細砂糖，以中火加熱，待溶化後離火。冷卻後加入胭脂紅甜酒混拌。

3 海綿蛋糕體，切成 1cm 厚 ×3cm 寬 ×20cm 長的帶狀，預留共 5 片備用。將蛋糕體沿著模型不留間隙地鋪滿模型內側，用刷子刷塗 2 的糖漿。

4 將 1 的奶油餡倒入 3，不留間隙地覆蓋預留備用的蛋糕體。刷塗糖漿，覆蓋上保鮮膜於冷藏室靜置一夜。

5 將模型倒扣在盤中，取下模型，在全體表面篩上可可粉。

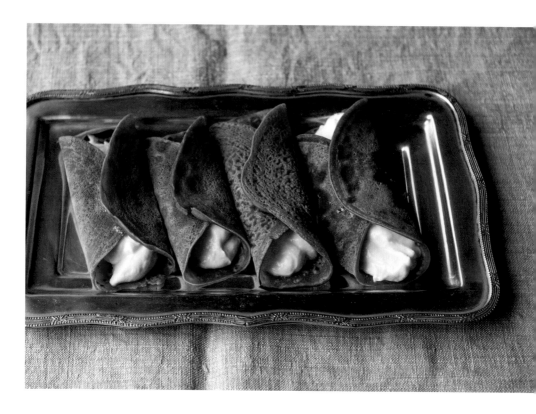

栗粉可麗餅
NECCI

Q 彈的栗子粉可麗餅

◆ ◆ ◆ ◆ ◆ ◆ ◆ ◆ ◆ ◆ ◆ ◆ ◆ ◆ ◆ ◆
- 種類：新鮮糕點
- 場合：家庭糕點
- 構成：栗子粉＋砂糖＋瑞可達起司餡

　　即使在托斯卡尼，也屬於盧卡（Lucca）到皮斯托亞（Pistoia）的地方糕點。秋季栗子粉的季節時，街上就會出現栗粉可麗餅的攤販。在義大利，會在兩片層疊的烤板上刷塗豬油，將麵糊夾在中間烘烤。栗子粉隱約的香甜風味和 Q 彈口感是最大的特徵。過去會澆淋上栗子蜂蜜享用，除了香甜的栗粉可麗餅，還有日本非常熟悉，包捲臘腸、鹹味食材等各種變化。

栗粉可麗餅
（4 個）

材料
栗子粉 ⋯⋯50g
細砂糖 ⋯⋯15g
鹽 ⋯⋯1 小撮
水 ⋯⋯80ml
橄欖油 ⋯⋯10ml
基本的瑞可達起司餡（→P224）⋯⋯200g

製作方法
1　將栗粉、細砂糖、鹽放入缽盆中，輕輕混拌，少量逐次地加入用量的水，邊加入邊用攪拌器混拌。放入橄欖油，再次混拌。
2　加熱平底鍋，薄薄地塗抹橄欖油（用量外），倒入 1 的麵糊 1/4 量。轉動平底鍋使其擴展成直徑 10cm 左右的薄餅皮，確實烘煎兩面，共製作 4 片。
3　待放涼後，將 1/4 份量的瑞可達起司餡放置於中央，交疊兩側般地捲起。

英式甜湯
ZUPPA INGLESE

以「英國風格的湯」* 爲名，
用湯匙享用的甜點

◆◆◆◆◆◆◆◆◆◆◆◆◆◆◆◆◆◆◆◆◆◆

● 種類：湯匙甜點
● 場合：糕點店、咖啡吧・餐廳
● 構成：海綿蛋糕＋胭脂紅甜酒＋卡士達奶油＋打發
　　　　鮮奶油

　　以用胭脂紅甜酒（alchermes→P115）濕潤的
海綿蛋糕體，層疊上卡士達奶油爲基底的糕
點。在義大利屬於「Dolce al cucchiaio ＝湯匙
甜點」的種類，與布丁、慕斯等使用湯匙享用
的糕點一樣。Zuppz Inglese 的起源也與梅迪奇
家族有關，很早就開始使用西式餐具享用美食
的義大利貴族文化，也可以從糕點的區分上一
窺其中意趣。

＊請考參 P75

英式甜湯
（3人份）

材料
基本的海綿蛋糕（→P222）⋯⋯ 約 60g
基本的卡士達奶油（→P223）⋯⋯200g
胭脂紅甜酒 ⋯⋯50ml
鮮奶油 ⋯⋯ 100ml
細砂糖 ⋯⋯20g

製作方法

1　切成 1.5cm 方塊的海綿蛋糕，約 1/9 用量
　舖放在容器底部，用刷子在海綿蛋糕上刷
　塗大量的胭脂紅甜酒，使其滲入。

2　擺放 1/6 用量的卡士達奶油餡，再擺放
　1/9 用量的海綿蛋糕體，並刷塗胭脂紅甜
　酒。同樣的步驟再重覆 1 次，擺放卡士
　達奶油和蛋糕體，刷塗胭脂紅甜酒，完成
　1 人份。共製作 3 人份。

3　混合鮮奶油和細砂糖，攪打成 8 分打發，
　擠在表面。

烤布丁

LATTAIOLO

牛奶和雞蛋的烤布丁

● 種類：湯匙甜點　　● 場合：家庭糕點
成：雞蛋＋牛奶＋砂糖＋玉米澱粉

製作方法和材料，都非常簡單，牛奶、雞蛋、粉類，然後可以加入肉桂或肉荳蔻等香料的湯匙甜點。烤布丁和焦糖烤布蕾（Crème brûlée）十分相似，但不同之處在於沒有焦糖。艾米利亞－羅馬涅稱為 Casadello、Latteruolo、Coppo 也是同樣的糕點。

烤布丁（Lattaiolo）是從十六世紀開始流傳在托斯卡尼地方的傳統糕點，但是現在不太為人所知。據說始於 Corpus Domini（基督聖體聖血節）時，農民進貢給領主。基督聖體血節曾經是非常重要的節日，但在 1977 年為提高義大利國內生產總額，削減節慶假日之後取消放假。義大利人的飲食文化與宗教有很深刻的連結，因此近年來烤布丁的消失，和這個假日取消有關也說不定。

在艾米利亞－羅馬涅，使用稱為橄欖油麵團（Pasta matta➡P225），以麵粉、水和橄欖油揉和，製成塔一般的成品。當時獻給領主，若是用模型製作，那就得要連模型一起送上，所以才開始將橄欖油麵團製作成容器般裝盛。

被尊稱為義大利料理之父的阿圖西 Artusi（1820 ～ 1911），在他的料理書中，曾經提及非常類似烤布丁（Lattaiolo）的 Latte al portoghese 食譜。當時食譜配方是在鍋中放入材料蓋上鍋蓋，使上方也完全受熱地擺放高溫熱炭，用柴窯烘烤加熱。託現在電烤箱的福，很容易就能製作，但在過去則是特殊節慶才會製作的重要糕點。

◆ ◆

烤布丁（14×18cm 方型模／1 個）

材料

牛奶 ……300ml
玉米澱粉 ……25g

A
```
雞蛋 ……2 個
細砂糖 ……50g
檸檬皮 ……1/2 個
肉桂粉 …… 少量
肉荳蔻粉 …… 少量
鹽 ……1 小撮
```

製作方法

1 在缽盆中放入 A，用攪拌器充分混拌。
2 加入過篩的玉米澱粉，用攪拌器混拌。
3 牛奶放入鍋中加熱至即將沸騰，少量逐次地加入 2 中，邊用攪拌器混拌。
4 將 3 倒入舖有烤盤紙的模型中，以 160℃預熱的烤箱烘烤約 40 分鐘。

葡萄佛卡夏
SCHIACCIATA CON L'UVA

新鮮葡萄烘烤的佛卡夏

● 種類：麵包、發酵糕點　　● 場合：家庭糕點、糕點店、麵包店
● 構成：發酵麵團＋葡萄

　　一到葡萄採收期，佛羅倫斯的糕點店或麵包店就可以看到滿滿的葡萄佛卡夏，可以說是佛羅倫斯秋季的習俗了。正如其名「Schiacciata＝壓碎」是一種薄片佛卡夏般的點心。是佛羅倫斯和普拉托的傳統，現在幾乎托斯卡尼到處都看得到。

　　原本農民們會在 9～10 月間，採收葡萄期製作，從其中簡單的材料就能一窺原貌，但農民們並沒有留下確實的食譜配方，都是母親教給女兒代代傳承作法。

　　傳統上，使用的是栽種在奇揚第（Chianti）卡納伊奧洛（Canaiolo nero）品種的葡萄。卡納伊奧洛品種的葡萄顆粒小、籽大，並不適合用於釀造葡萄酒，但甜美多汁適合用在糕點製作。一片麵團上擺些葡萄，或是二片麵團包夾葡萄，無論哪種，在烘烤時都會釋出葡萄汁使麵團變得潤澤柔軟，即使是近似麵包，也能吃出甜點般的口感。葡萄籽也可以直接嚼食，因此柔軟的麵包和硬脆的葡萄籽形成對比，輕咬葡萄籽的脆口，也別具樂趣。卡納伊奧洛品種對抗病蟲害的能力較差，很多人停止栽植，現在則用弗拉戈拉（Fragola）品種和黑慕斯卡托（Moscato Nero）品種來取代。

　　雖然發酵麵團上擺放新鮮葡萄看似大膽，但麵團中釋出葡萄的甘甜與葡萄籽的口感，應該是只要吃過一次就不會忘記的美味，請大家務必在秋天來佛羅倫斯試試。

葡萄佛卡夏（26×20cm ／ 1 個）

材料
低筋麵粉 ……200g
溫水 ……90ml
新鮮酵母 ……5g
細砂糖 ……5g＋10g
橄欖油 ……15g
鹽 ……3g
葡萄 ……400g

製作方法
1 新鮮酵母以溫水的部分用量溶化。
2 在攪拌機缽盆中放入低筋麵粉、1、細砂糖 5g，加入其餘的溫水攪拌，待材料整合成團後，加入橄欖油和鹽，攪拌至表面呈現光澤為止。
3 靜置於溫暖的地方 1 小時，使其膨脹成 2 倍大。
4 用擀麵棍將麵團擀壓成約 1cm 厚。
5 擺放葡萄，撒上 10g 細砂糖。
6 以 180℃預熱的烤箱烘烤約 25 分鐘，烘烤至葡萄變軟為止。

夏拉米可拉蛋糕

TORTA CIARAMICOLA

佩魯賈的復活節蛋糕

● 種類：塔派、蛋糕　　● 場合：家庭糕點、糕點店、節慶糕點
● 構成：低筋麵粉＋奶油＋砂糖＋雞蛋＋胭脂紅甜酒＋蛋白霜

在義大利，對遺留下來的古老建築事物司空見慣，翁布里亞的首府佩魯賈從西元前八世紀～前二世紀的伊特拉斯坎文明開始，就已是繁榮熱鬧的古城。Ciaramicola 這個很特別的名字，據說在翁布里亞的方言中，ciara 是明亮的、閃耀的意思，語源就是從蛋白的 chiara 而來。正如其名，表面覆蓋著柔軟厚實的打發蛋白霜。

夏拉米可拉蛋糕（Torta Ciaramicola）乍看之下，像是覆蓋著白色的環型（甜甜圈）蛋糕，但切開後裡面卻是鮮紅的蛋糕體，這樣的對比令人驚異。麵糊的紅是胭脂紅甜酒（alchermes）的顏色；蛋白霜的白和胭脂紅甜酒的紅，據說就是代表佩魯賈旗幟的顏色，但似乎也不只有這樣的說法。紅、白，還有彩色巧克力米的藍、綠、黃，這五個顏色據說代表佩魯賈的五個門，每扇門都表示著接續的地區。紅色是聖天使門

（Porta Sant'angelo），為了生火而運送木材之路；白色是太陽門（Sole），是太陽映照的大理石地區；藍色是通往特拉西梅諾湖（Lago Trasimeno）的蘇珊娜門（Susanna）；綠色是象牙門（Eburnea），前往森林和葡萄園的方向；黃色是聖彼得門（San Pietro），通往運送供應市民餐食的金黃小麥之路。各地區的珍貴寶物或藝術作品，現在仍良好保存，看得出佩魯賈的演進。每年 6 月舉行的佩魯賈 1416 節慶，照慣例這五個地區仍會相互競賽。

從一個糕點，就能回溯佩魯賈的歷史，真是令人肅然起敬的義大利糕點。

彩色巧克力米是中部以南地區，節慶糕點不可少的裝飾。

夏拉米可拉蛋糕（直徑 16cm 的環型模 / 1 個）

材料

全蛋……1 個
細砂糖……125g
低筋麵粉……225g
泡打粉……8g
融化奶油……50g
檸檬皮……1/4 個
胭脂紅甜酒（alchermes）……50ml
蛋白霜
┌ 蛋白……1 個
└ 糖粉……10g
彩色巧克力米（完成時使用）…… 適量
※ 環型模（Ciambella）在日本可用天使蛋糕模來代用。

製作方法

1 在缽盆中放入全蛋、細砂糖、檸檬皮，用攪拌器混拌至濃稠。

2 加入低筋麵粉、泡打粉，用橡皮刮刀混拌至粉類完全消失後，放入融化奶油和胭脂紅甜酒，充分混拌至滑順。

3 將 2 倒入刷塗奶油並撒有低筋麵粉（用量外）的模型中，以 180℃預熱的烤箱烘烤約 30 分鐘。

4 從烤箱取出，連同模型放置 10 分鐘後脫模。混合糖粉和蛋白打發成尖角直立的蛋白霜，自然地塗抹在蛋糕表面，撒上彩色巧克力米。

5 趁著烤箱仍溫熱時放回，避免蛋白霜呈色，不關上烤箱門放置 10 分鐘，稍微烘乾蛋白霜。

123

聖科斯坦佐的頸環
TORCOLO DI SAN COSTANZO

1月29日聖科斯坦佐的節慶糕點

◆◆◆◆◆◆◆◆◆◆◆◆◆◆◆◆◆◆◆◆◆◆◆◆◆◆◆◆◆◆◆◆◆◆◆◆◆

種類：發酵糕點　　●場合：家庭糕點、糕點店、麵包店、節慶糕點
構成：發酵麵團＋葡萄乾＋松子＋糖煮水果

　　義大利的月曆上，日期旁都印有當天聖人的名字，而每個市鎮都有守護的聖人，守護的聖人日就是該市鎮的節日。1月29日是翁布里亞大區的首都佩魯賈的聖科斯坦佐日（San Costanzo），在那天前後，街上到處可以看到聖科斯坦佐的頸環。聖科斯坦佐是佩魯賈最早的主教，長時間任職。但在馬可・奧理略（Marcus Aurelius）的命令下，於178年殉教，據說就在1月29日。

　　樸素的發酵糕點中，加入了葡萄乾、糖煮水果、松子、大茴香，模型是中央有孔洞的環型模。據說要替被斬首的聖科斯坦佐隱藏遺體的傷口，而用花朵來裝飾，這款糕點就做成首飾的形狀。在糕點上會劃入5道切紋，象徵佩魯賈的5道門，但很可惜的是完成烘烤後幾乎看不到切紋了。順道一提，Torcolo就是由拉丁語中的Torquis而來，意思是頸飾的意思。

　　就糕點來說，是口感有點乾燥的環形麵包，約定俗成地會浸泡在翁布里亞製作的甜葡萄酒－聖酒（Vin Santo）中享用。

◆◆◆◆◆◆◆◆◆◆◆◆◆◆◆◆◆◆◆◆◆◆◆◆◆◆◆◆◆◆◆◆◆◆◆◆◆

聖科斯坦佐的頸環（直徑20cm／1個）

材料
低筋麵粉 ⋯⋯80g
瑪里托巴麵粉（Manitoba）
　⋯⋯60g
溫水 ⋯⋯70ml
啤酒酵母 ⋯⋯8g
細砂糖 ⋯⋯30g
鹽 ⋯⋯2g
奶油（回復常溫）⋯⋯15g
橄欖油 ⋯⋯20ml
A
┌ 葡萄乾 ⋯⋯40g
│ 糖煮香櫞（粗粒）⋯⋯35g
│ 松子 ⋯⋯25g
│ 大茴香籽（Anise seed）
└ 　⋯⋯4g
蛋液 ⋯⋯適量

製作方法
1　在缽盆中放入低筋麵粉和瑪里托巴麵粉，正中央作出凹槽。以用量中的溫水溶化啤酒酵母後，倒入凹槽中，揉和至滑順為止。
2　在表面劃入十字切紋，放在溫暖的地方靜置30分鐘，覆蓋布巾使其發酵膨脹成2倍大。
3　A的葡萄乾用溫水（用量外）浸泡約15分鐘，回復柔軟後充分擰乾水分。
4　在另外的缽盆中放入細砂糖、鹽、橄欖油，用攪拌器充分混合。回復常溫的奶油切成小塊。
5　將2取出放至工作檯上，用擀麵棍擀壓成1cm左右的厚度，加入4。因麵團十分柔軟，可使用刮板進行揉和，待材料充分融合後，加入3和材料A。揉和至不黏手，約30分鐘，覆蓋布巾靜置在溫暖的地方。
6　將麵團搓揉成直徑3cm的圓柱狀，直接放在工作檯上扭轉整型成兩端相接的圓圈狀。放置在舖有烤盤紙的烤盤上，在溫暖的地方發酵1小時。
7　在麵團表面劃入5道斜向切紋，用刷子刷塗蛋液，以170℃預熱的烤箱烘烤約20分鐘。

蛇形杏仁蛋糕

TORCIGLIONE

蛇形的耶誕杏仁糕點

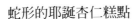

種類：烘烤糕點　　●場合：家庭糕點、糕點店、節慶糕點
構成：杏仁果＋砂糖＋松子＋糖煮香櫞

義大利全國各地有許多耶誕糕點，但蛇形杏仁蛋糕（Torciglione）更是大放異彩。捲起成蛇形的這款糕點，是佩魯賈的耶誕節糕點，為什麼會是這個形狀...？有諸多說法。

佩魯賈的特拉西梅諾湖（Lago Trasimeno）附近，曾經為了冬至祈福而使用杏仁果和蜂蜜，製作出蛇形的糕點。因為爬蟲類會蛻皮，因此象徵生命與年輕。另外捲成圈狀，象徵一年四季的流轉和人間的輪迴轉世。其他的傳說則有，在基督教中蛇是邪惡的代表，食用仿照的蛇形，是對抗邪惡致勝的表現。

另外，也有人說這不是蛇，而是特拉西梅諾湖（Lago Trasimeno）的鰻魚。緣於一位高階神職人員，在某個冬天的星期五造訪特拉西梅諾湖上的馬霍雷島（Isola Maggiore）時發生的事。星期五是基督教的齋戒日，是吃魚（不吃肉）的日子，但當時的特拉西梅諾湖結凍而無法捕獲鰻魚，因此當時修道院中負責烹調者，就利用修道院內既有的食材，做出鰻魚形狀的糕點，招待這位高階神職人員，當時做的就是蛇形杏仁蛋糕。在義大利，也有很多地方在耶誕夜的晚餐，取「讓邪惡遠離」的意思，而食用蛇形杏仁蛋糕，個人覺得這個說法也很具說服力。

無論原因為何，起源於特拉西梅諾湖，現在成了25公里外佩魯賈的傳統糕點，是肯定的。

蛇形杏仁蛋糕（直徑12cm／1個）

材料

去皮杏仁果 ⋯⋯125g
細砂糖 ⋯⋯50g
蛋白 ⋯⋯1/2 個
糖煮香櫞 ⋯⋯40g
松子 ⋯⋯10g
糖漬櫻桃（紅）⋯⋯1 個
去皮杏仁果（裝飾用）⋯⋯7 個
蛋白 ⋯⋯適量

製作方法

1 將杏仁果、細砂糖、糖煮香櫞放入食物調理機中攪打成細碎狀。

2 加入蛋白、松子，用手揉和成團，搓揉成粗 3cm、長 30cm 的長條形，捲起使其成為蜷曲的蛇形。

3 用刀子間隔 2cm 地劃入切紋，擺放裝飾用的杏仁果。將對半分切的糖漬櫻桃放在眼睛的位置。

4 用刷子將蛋白刷塗在表面，以 160°C 預熱的烤箱烘烤約 30 分鐘，烘烤至略產生焦色。

無花果糕
FRUSTINGO

乾燥無花果的耶誕糕點

種類：杏仁膏、其他　　●場合：家庭糕點、糕點店、節慶糕點
構成：乾燥無花果＋葡萄乾＋糖煮水果＋堅果＋低筋麵粉＋砂糖

在馬凱全區都有製作，名稱因地方而各有不同，Fristingo、Frostengo、Pistingo、Fostrengo。Frustingo 這個名稱，是馬凱大區南部的阿斯科利皮切諾（Ascoli Piceno）的說法，從拉丁文「frustum（小的東西、低且寬的東西）」而來。實際上，Frustingo 也大多是不高的扁平狀成品。食譜配方因地區和家庭各有不同的變化，但過去曾經是添加葡萄乾、核桃、杏仁果、蜂蜜等，由非常簡單的材料製成的農村糕點。

根據調查，發現這個糕點的原型，可以回溯到西元前繁榮的伊特拉斯坎文明時代。當時使用的是斯佩耳特小麥（Triticum spelta）、大麥、蜂蜜、乾燥水果、堅果、香料，還有豬血。古羅馬帝國時代也有製作，在當時的博物學者蓋烏斯・普林尼・塞孔杜斯（Gaius Plinius Secundus）的著作『博物誌』中也出現了「Panis Picentinus 皮塞恩人的麵包」。添加穀物雖然有點不同，但與無花果糕非常相似。用可可粉和濃縮咖啡做出的顏色是為了呈現豬血的黑色，現在阿斯科利皮切諾也有添加胡椒、肉桂等香料的配方，所以這個說法也比較與現實相符。

現在可能算不上有名的無花果糕，但卻是自西元前至今，擁有漫長歷史的糕點。

無花果糕（直徑 12cm 的圓模 / 1 個）

材料

乾燥無花果 …… 100g
葡萄乾 …… 50g
砂糖 …… 50g
喜歡的糖煮水果（粗粒）…… 20g
去皮杏仁果（粗粒）…… 20g
低筋麵粉 …… 35g
濃縮咖啡 …… 15ml
蘭姆酒 …… 10ml
柳橙皮 …… 1/8 個
可可粉 …… 10g
胡椒、肉桂 …… 各適量
橄欖油 …… 適量
去皮杏仁果、糖煮水果（裝飾用）
　…… 各適量

製作方法

1　葡萄乾浸泡熱水還原至軟化，擰乾水分。乾燥無花果切成 5mm 的條狀，用熱水（用量外）煮 5 分鐘後，瀝乾水分，放入缽盆中。趁無花果溫熱時加入葡萄乾。

2　除了橄欖油和裝飾用材料之外，將全部的材料放入 1 當中，用橡皮刮刀充分混拌至全體融合。

3　將 2 放入刷塗了橄欖油的模型中，平整表面，將橄欖油刷塗在表面，裝飾上杏仁果和糖煮水果。

4　以 200℃ 預熱的烤箱烘烤約 30 分鐘，烘烤至邊緣略略呈色。

玉 米 粉 脆 餅
BECCUTE

玉米粉的脆餅

◆ ◆ ◆ ◆ ◆ ◆ ◆ ◆ ◆ ◆ ◆ ◆ ◆ ◆ ◆ ◆ ◆

● 種類：餅乾
● 場合：家庭糕點、糕點店
● 構成：玉米粉＋砂糖＋葡萄乾＋堅果

過去製作玉米糊（Polenta 黃色玉米粉煮成的粥狀料理）之後，用剩餘的玉米粉製成的脆餅。流傳在馬凱，特別是內陸地方，受到當地詩人賈科莫・萊奧帕爾迪（Giacomo Leopardi）的喜愛，稱之爲 Beccute di Leopardi。使用粗碾玉米粉時，會有粗粒鬆脆的口感，若是使用細碾的玉米粉，則是帶著 Q 彈的口感，完成時會變成兩種截然不同的嚼感，非常有意思。

玉米粉脆餅（約 30 個）

材料

葡萄乾 ⋯⋯25g	核桃（粗粒）⋯⋯25g
乾燥無花果 ⋯⋯25g	去皮杏仁果（粗粒）
玉米粉（cornmeal）	⋯⋯25g
⋯⋯125g	橄欖油 ⋯⋯15ml
細砂糖 ⋯⋯15g	鹽、胡椒 ⋯⋯ 各少量
松子 ⋯⋯25g	熱水 ⋯⋯100ml

製作方法

1 葡萄乾浸泡熱水（用量外）還原至軟化，擰乾水分。乾燥無花果切成粗粒。

2 將除了熱水之外的材料全部放入缽盆中，少量逐次地加入用量的熱水，用手揉和至柔軟。

3 做成直徑 3cm 的球狀約 30 個，排放在舖有烤盤紙的烤盤上，用手掌按壓，整理成圓餅狀。

4 以 160℃ 預熱的烤箱烘烤約 15 分鐘，烘烤至略帶金黃色。

※ 照片中左邊使用的是粗碾玉米粉、右邊是細碾玉米粉

起司餃
CALCIONI

帶鹹風味的復活節義大利餃

◆ ◆ ◆ ◆ ◆ ◆ ◆ ◆ ◆ ◆ ◆ ◆ ◆ ◆

種類：餅乾
場合：家庭糕點、糕點店、節慶糕點
構成：低筋麵粉基底的麵團＋起司基底的內餡

Calcioni 也稱為 Piconi。Calcioni 的語源是
拉丁文 Caseum 起司的意思，鈣是 Calcium。
無論如何，起司是當地重要物產。佩克里諾羊
奶起司（Pecorino）帶有甜味，可以作為零嘴，
也可在佩克里諾羊奶起司中添加瑞可達起司
（Ricotta）製作。5 月下旬～ 6 月上旬，馬凱大
區的特雷伊阿（Treia），都會舉辦已有 50 年以
上歷史的起司節。

起司餃（8 個）

材料

麵團	內餡
低筋麵粉 ⋯⋯ 100g	蛋白 ⋯⋯ 1 個
橄欖油 ⋯⋯ 5ml	全蛋 ⋯⋯ 1/2 個
細砂糖 ⋯⋯ 12g	細砂糖 ⋯⋯ 50g
融化奶油 ⋯⋯ 12g	佩克里諾羊奶起司絲 ⋯⋯ 125g
全蛋 ⋯⋯ 1 個	檸檬皮 ⋯⋯ 1/4 個
蛋黃 ⋯⋯ 1 個	

製作方法

1 製作麵團。材料全部放入缽盆中，揉和至
光滑後放入冷藏室靜置 1 小時。

2 製作內餡。用攪拌器攪打蛋白至 5 分打發，
加入其他材料充分混拌。

3 用擀麵棍將 1 薄薄地擀壓成直徑略大於
10cm 的圓形，以壓模切出周圍平整共 8
片，將 2 分成 8 等份，放在麵皮的正中央。
對半折疊後，用叉子前端按壓使其貼合，
表面用剪刀剪出十字切紋。

4 排放在舖有烤盤紙的烤盤上，以 180℃預
熱的烤箱烘烤約 20 分鐘。

卡法露奇
CAVALLUCCI

可可風味的紅色柔軟餅乾

◆◆◆◆◆◆◆◆◆◆◆◆◆◆◆◆◆◆◆◆◆◆◆◆◆◆◆◆◆◆◆◆◆◆◆◆

種類：餅乾　　　●場合：家庭糕點、糕點店、節慶糕點
構成：低筋麵粉基底的麵團＋堅果基底的內餡

　義大利我最早居住的是馬凱大區的耶西（Jesi），從首府安科納（Ancona）搭電車只要 20 分鐘，是一個被廣闊城牆包圍的美麗小城市。看看街道上的糕點店，最先映入眼簾的就是這種紅色的餅乾－卡法露奇（Cavallucci）。實際上，當我很稀奇地看著深紅色的糕點時，店主誇張地跟我說「這可是起源於我們耶西呢！」，令人十分懷念。當時在耶西，有教授義大利各地料理的專科學校，我就是在那裡上課。學校教授馬凱料理，當然也包括了卡法露奇。

　「卡法露奇是農民們製作的糕點。看了材料應該就能明瞭吧？核桃、杏仁果、麵包粉（Pangrattato），在家裡就能製作，在當時是很豐盛的材料呢！」主廚用充滿對馬凱疼惜的心情說著。

　卡法露奇從11月11日聖馬丁日（Saint Martin）開始，整個冬天都會製作。義大利 11 月 11 日被稱作「喝葡萄酒日」，與葡萄酒一起享用以示慶祝的就是卡法露奇。用葡萄酒和餅乾渡過秋季長夜，是義大利式享受生活的方法。

◆卡法露奇（24 個）

材料

麵團
- 低筋麵粉 …… 150g
- 細砂糖 …… 50g
- 白葡萄酒 …… 35ml
- 橄欖油 …… 30ml
- 肉桂粉 …… 少量

A
- 核桃 …… 20g
- 去皮杏仁果 …… 10g
- 糖煮柳橙 …… 15g
- 細砂糖 …… 30g
- 可可粉 …… 1 小匙

B
- 濃縮咖啡 …… 20ml
- 瑪薩拉酒 …… 20ml
- 白葡萄酒 …… 20ml
- 濃縮葡萄汁（Sapa） …… 20ml
- 麵包粉（Pangrattato） …… 30g
- 柳橙皮 …… 1/4 個
- 胭脂紅甜酒（alchermes）、細砂糖（完成時使用） …… 各適量

製作方法

1. 製作麵團。將全部材料放入鉢盆中揉和至光滑，包好放入冷藏靜置 1 小時。

2. 將 A 放入食物調理機中攪打成細粉末狀，放入鍋中。加入 B 的材料用小火加熱。沸騰後放進麵包粉，待水分蒸發後，加入柳橙皮，取出在方型淺盤中冷卻。

3. 在工作檯上略撒手粉後，取出 1 用擀麵棍擀壓成 8×6cm 大小共 24 片。在 1 片麵皮上擺放適量的 2，將麵皮朝外捲起，兩端用手按壓確實閉合，再用叉子按壓封口處。

4. 以 180℃預熱的烤箱烘烤約 15 分鐘，烘烤至表面略呈色。用刷子在表面刷塗胭脂紅甜酒，撒上細砂糖。

白酒甜甜圈脆餅

CIAMBELLINE AL VINO BIANCO

白葡萄酒風味顯著的酥脆餅乾

種類：餅乾　　●場合：家庭糕點、糕點店
構成：低筋麵粉＋白葡萄酒＋砂糖

　　聞名位於羅馬東南方的卡斯特莉・羅馬尼（Castelli Romani），稱爲「ubriachelle（酒醉）」，在用餐後與葡萄酒一起享用。卡斯特莉・羅馬尼是阿爾巴諾（Albani）丘陵地帶14個城市的總稱。其中之一就是弗拉斯卡蒂（Frascati）白葡萄酒的著名產地，也是此地經常製作這款糕點的原因吧。區域是劃分在拉吉歐大區（大區首府＝羅馬），但實際上也是可布魯佐和翁布里亞的地方糕點。

　　材料非常簡單，在家就能簡單製作的常見經典款。不添加奶油和雞蛋，只用白葡萄酒把材料整合成團，因此具有酥鬆脆口與輕盈的口感。進入羅馬街角的糕點店，也能發現添加了榛果和大茴香籽的成品。

　　本書的食譜配方，是西西里特拉帕尼（Trapani）的 Carolina 傳授給我的。雖然她的媽媽是托斯卡尼出身，但這道是媽媽傳自羅馬的友人。份量要用多少公克之類的內容完全沒有，全都是用玻璃杯當量杯用。「白葡萄酒、細砂糖、橄欖油大約是等量吧。在這個地方大概加 3 倍左右的粉 ...，之後就靠手感來製作了唷！」一邊說一邊把材料用玻璃杯倒入其中。

　　在日本，一般提到糕點製作，都認爲要按照食譜配方精確進行，但義大利糕點並不屬於這個範圍，很多糕點都是用眼見和手感來製作。這樣居然也能做出如此地美味，驚訝不已。製作糕點與料理，同樣地用感覺進行，也是很義大利的風格吧。

　　簡單製作的家庭糕點，在經常有客人往來的義大利人家庭，不可缺少。客人來訪時，分享手工糕點和咖啡並開心閒聊，就是義大利式的眞心款待。

白酒甜甜圈脆餅（約 30 個）

材料
低筋麵粉 …… 150g
細砂糖 …… 40g
泡打粉 …… 5g
白葡萄酒 …… 50ml
橄欖油 …… 50ml
鹽 …… 1 小撮

製作方法

1. 在缽盆中放入低筋麵粉、泡打粉、細砂糖，輕輕混拌，並在中央做出凹槽。加入白葡萄酒、橄欖油、鹽，揉和至光滑後，覆蓋保鮮膜放入冰箱靜置 30 分鐘。

2. 麵團分為 30 等份，搓揉成粗 1cm、長 10cm 的棒狀。將兩端連結做成圈狀，接合處用手指輕輕按壓。

3. 將細砂糖（用量外）放入方型淺盤中，單面蘸上細砂糖。排放在舖有烤盤紙的烤盤上，以 180℃預熱的烤箱烘烤約 15 分鐘。

馬里托奇奶油麵包
MARITOZZO

夾入滿滿鮮奶油的羅馬早餐

◆▶◆▶◆▶◆▶◆▶◆▶◆▶◆▶◆▶◆▶◆▶◆▶◆▶◆

種類：麵包、發酵糕點　●場合：糕點店、咖啡吧・餐廳、麵包店
構成：發酵麵團＋打發鮮奶油

圓形或橢圓形的柔軟麵包中夾入大量打發鮮奶油的馬里托奇奶油麵包（Maritozzo），是羅馬咖啡吧櫥窗中不可少的糕點。

最早能追溯到古羅馬帝國時代。當時，以小麥粉、雞蛋、橄欖油、鹽，還有葡萄乾和蜂蜜製作成大型麵包，是為了日日在外勞動的男性，補充體力和營養的餐食。隨著時間的演進，到了中世紀，麵團添加了松子和糖煮水果，尺寸也變小後，開始在麵包店銷售。目的為了在嘉年華後的四旬期（禁食糕點）期間，也能以麵包的概念食用，因此在那個時代，這樣的麵包被稱為四旬期（Quaresima）。現代，男性在送給未婚妻戒指時，會藏在這款麵包中交給對方，是取義大利語丈夫「marito」➝ maritozzo 的意思。

義大利的咖啡吧，一天當中最熱鬧、人潮最多的就是早餐時間。濃縮咖啡或卡布其諾和甜麵包，邊聊天交換訊息邊享用，如此開始一天。羅馬的小朋友們早餐必不可少的就是馬里托奇奶油麵包，一想到起源可回溯到古羅馬時代，就讓人不得不驚嘆義大利的悠久歷史。

◆▶◆▶◆▶◆▶◆▶◆▶◆▶◆▶◆▶◆▶◆▶◆▶◆▶◆

馬里托奇奶油麵包（8 個）

材料

A
－低筋麵粉 ……50g
－細砂糖 ……5g
－溫水 ……50ml
－啤酒酵母 ……5g

B
－瑪里托巴麵粉（Manitoba）
　……200g
－牛奶 ……35ml
－細砂糖 ……50g
－奶油（回復常溫）……40g
－蛋黃 ……1 個
－柳橙皮 ……1/2 個

蛋黃 ……1 個
牛奶 ……10ml
鮮奶油 ……200ml
細砂糖 ……30g
糖粉（完成時使用）…… 適量

製作方法

1　預備 A。在小缽盆中放入啤酒酵母和用量的溫水，溶化酵母，加入低筋麵粉、細砂糖、用湯匙混拌。置於溫暖的地方約 1 小時，使其發酵成 2 倍大。

2　在另外缽盆中放入 B 的瑪里托巴麵粉、細砂糖、蛋黃，用手揉和，放入回復常溫並切成小塊的奶油和柳橙皮。用手指揉搓般地混合，加入 1 和牛奶，揉和至麵團光滑。整合成團後，覆蓋保鮮膜，置於溫暖的地方使其發酵約 4 小時。

3　將 2 分成 8 等份，整型成 6×4cm 的橢圓形，排放在舖有烤盤紙的烤盤上。覆蓋上濕濕的布巾，使其發酵 40 ～ 50 分鐘。

4　用牛奶稀釋蛋黃，以刷子刷塗在 3 的表面，以 180℃ 預熱的烤箱烘烤 10 ～ 15 分鐘。

5　攪打鮮奶油和細砂糖製作打發鮮奶油。待 4 冷卻後，在正中央劃入切紋不切斷，將打發鮮奶油裝入擠花袋內大量擠在切紋內，抹平表面再篩上糖粉。

義大利南北地區餅乾的比較

從小小的糕點窺見義大利。
因歷史風土的不同，即使同一個國家也會有各種差異。

　　義大利最具代表性的烘烤硬脆餅，Biscotti 是「二次烘烤」的意思，嚴格來說原來指的是托斯卡尼的地方點心－托斯卡尼杏仁硬脆餅（Cantucci→P111），但現今的義大利，只要是小小的烘烤餅乾，全都稱爲 Biscotti。本來是爲了保存方便，大多烘烤成很硬的餅乾，習慣上會蘸著甜葡萄酒或咖啡享用，作爲早餐、點心、餐後甜點，總之是義大利人生活上不可或缺的點心。

　　雖然歷史上可以追溯到悠久的古羅馬時代，但流傳下來的，是否像現在這種堅硬如烤麵包般的二度烘烤餅乾？無法肯定。之後，中世紀全盛時期的十字軍時代，像魚形脆餅（→P67）這樣二次烘烤適合長途攜帶的種類，就是現今 Biscotti 的原型。

　　Biscotti 可以大致區分成 5 種（以下分別用 A～E 來介紹）。A＝稱爲 Biscotti secchi 硬梆梆的乾、硬成品。B＝加入大量奶油和雞蛋，柔軟、口感豐富的成品。C＝酥酥脆脆、口感輕盈的成品。D＝較硬的麵團包著內餡烘烤而成。E＝南方島上大多加入杏仁果，具有柔軟口感的成品。

　　本書中出現很多種類的 Biscotti，但義大利全國的 Biscotti 恐怕數也數不清吧。南北狹長、有山有海的義大利，會因爲土地位置而有不同的氣候條件，所以能運用在糕點上的食材也各不相同，有些地區因爲過去以小型共和國的方式結盟，究往溯古後的歷史也相異，因而誕生了各種的 Biscotti，背後的故事十分有趣。

北部

　　以中世紀興盛的薩伏伊家族命名，滋味豐富的 Biscotti，現在薩伏伊手指餅乾（→P22）仍然存在。北部的 Biscotti 很多，還多了像沙巴雍（→P22）或巧克力布丁（→P24）等，皇室享用的湯匙糕點。另一方面，在山岳地區製作樸質的 Biscotti，特徵是使用了榛果或玉米粉（cornmeal），硬梆梆的 Biscotti secchi。從 Biscotti 也可以看出當時上流階級與農民的飲食生活差異。

（左上起橫向）用玉米粉製作的玉米脆餅 Biscotti di Meliga（A）／淑女之吻 Baci di Dama（B→P18）意思是淑女的親吻。包夾著巧克力／散發著榛果香氣的瓦片餅乾 Tegole（B→P28）。

中部

托斯卡尼所在的中部地區，就像是Biscotti的代名詞。接近杏仁果產地的南部，所以常使用杏仁果，又有中部地區採收的核桃和乾燥水果作為內餡，相較於北部地區，更能感受自然資源的豐富。中部地區也是白葡萄酒的產地，因此使用許多白葡萄酒，最具代表性的就是白酒甜甜圈脆餅 Ciambelline al Vino Bianco（C→P134）。也因為盛產橄欖，也經常使用橄欖油。

（左上起橫向）確實烘烤過二次，硬脆的托斯卡尼杏仁硬脆餅（A）/卡法露奇（D→P132）添加了堅果和麵包粉的內餡/白酒甜甜圈脆餅，具有豐富的白葡萄酒風味與酥脆口感。

南部·外島

使用大量堅果、乾燥水果、柑橘皮的Biscotti，大多讓人想起南方島嶼，溫暖的氣候聯想到使用了豐富食材的糕點。島上有阿拉伯人傳入的杏仁果和芝麻，發現新大陸的西班牙人攜入的巧克力，製成的Biscotti…，完全可以感受到歷史長河的流動。還有許多使用豬脂讓口感更酥鬆輕盈的成品，應該也和炎熱的天氣有關吧。

（左上起橫向）葡萄乾脆餅（C→P212）使用了大量的葡萄乾/包入牛肉和巧克力內餡的巧克力牛肉餃（D→P180）/杏仁蛋白脆餅（E→P183）不要烤得太上色，保持潤澤柔軟的口感。

SUD
南部

ABRUZZO
阿布魯佐大區

MOLISE
莫利塞大區

PUGLIA
普利亞大區

L'Aquila

Campobasso

Foggia

Bari

Altamura

CAMPANIA
坎帕尼亞大區

Napoli

Sorrento　Amalfi

Isola di Capri

Potenza

Lecce

BASILICATA
巴西利卡塔大區

Crotone

Cosenza

CALABRIA
卡拉布里亞大區

Catanzaro

Reggio Calabria

溫暖乾燥地區的特色
使用橄欖油等清新爽口的糕點

　　整年都有金燦燦的陽光、溫暖氣候的南義。平原綿延著橄欖樹，也有杏仁果等堅果樹，沿岸地區則是果實纍纍的柑橘類。日本人一聽到義大利，或許首先聯想到的就是這個地區的風景吧。

　　乾燥氣候適合硬質小麥的栽植，糕點也大多使用 Semolino 杜蘭小麥粉。相較於奶油，更常使用橄欖油或豬脂（豬背脂），不強調乳製品的濃醇風味，而更著重在品嚐小麥的美味，口感相對清新爽口，應該也與溫暖的氣候有關吧。

　　由拿坡里繁華的歷史來看，與皮埃蒙特的杜林、西西里的巴勒摩（Palermo），都是糕點特別發達的城市，包括發源於修道院的糕點、外國傳入的糕點，還有現代產生的創作糕點等各種類型。相對於此，其他地區的糕點，大多是用油脂、堅果、乾燥水果爲基底的質樸農家點心。

　　南義大利，除了本書當中介紹的 4 個大區之外，還有莫利塞大區、巴西利卡塔大區。被坎帕尼亞大區和普利亞大區包夾，這兩個地區的糕點。無論如何都會受到旁邊區域的影響，類似的糕點很多，無法看出獨特性，因此本書並沒有特別記述。但到了當地，可以看到許多受到本地人喜愛的樸實風味。

嘉年華蛋糕

MIGLIACCIO DOLCE

發源於農民，爲嘉年華製作的蛋糕

● 種類：塔派、蛋糕　● 場合：家庭糕點、糕點店、節慶蛋糕
● 構成：杜蘭小麥粉＋牛奶＋奶油＋雞蛋＋瑞可達起司＋砂糖

　　經常出現在拿波里附近的城市，因此也被稱爲 Migliaccio Napoletano。這是爲了嘉年華最後一天的**懺悔星期二**（martedì grasso）所準備的蛋糕，吃了的隔天，就進入大齋期了（→P98）。

　　Migliaccio 的名字，是從小米或稷米的意思。由「miglio」而來的。過去在坎帕尼亞大區多栽植小米或稷米，曾經是農民們餐桌上的主要食材之一。西元前，使用拉丁文中稱爲「migliaccium」的小米、稷米製作的**麵包**，就是這款糕點的原型。到了中世紀，雖然已經發展成甜點，但還是添加了當時認爲營養豐富的豬血。接著進入 1700 年，已經不再使用豬血，取而代之的是肉桂和砂糖。

　　現在，添加了許多牛奶、瑞可達起司、奶油等乳製品，即使沒有豬血，仍是富有高營養價值的甜點。此外，現在小米和稷米被粗碾的硬質杜蘭小麥 Semolino 所取代，除了用牛奶烹煮的杜蘭小麥之外，不再添加粉類，口感非常**細緻**。水分多且具潤澤感，因此與其說是蛋糕，不如說更近似布丁的口感。

本書食譜使用即使在日本也能購得，粗碾型的杜蘭小麥粉。

嘉年華蛋糕（直徑 16cm 圓模 / 1 個）

材料

杜蘭小麥粉 ……50g
A
┌ 牛奶 ……125ml
│ 水 ……125ml
│ 奶油 ……20g
│ 柳橙皮 ……1/4 個
└ 鹽 ……1 小撮
瑞可達起司 ……90g
雞蛋 ……1 個
細砂糖 ……65g
香草粉 …… 少量
糖粉（完成時使用）…… 適量

製作方法

1　在鍋中放入 A，用中火加熱邊混拌至沸騰後，取出柳橙皮，加入杜蘭小麥粉。改爲小火邊混拌邊煮 4 ～ 5 分鐘，待水分揮發後，取出至方型淺盤上冷卻。

2　在缽盆中放入雞蛋和細砂糖，用攪拌器混拌至濃稠後，加入香草粉、用網篩過濾的瑞可達起司，充分混合。少量逐次地加入 1，用手持電動攪拌機混拌至沒有結塊爲止。

3　將 2 倒入舖有烤盤紙的模型中，平整表面。以 180℃預熱的烤箱烘烤約 1 小時，放涼後篩上糖粉。

卡布里蛋糕
TORTA CAPRESE

深受黑手黨（Mafia）喜愛，不添加麵粉的巧克力蛋糕

◆ 種類：塔派、蛋糕　　◆ 場合：家庭糕點、糕點店、咖啡吧‧餐廳
◆ 構成：杏仁果＋巧克力＋奶油＋雞蛋＋柳橙

　　風光明媚阿瑪菲海岸前的小島－卡布里島的傳統糕點。卡布里島是名流的渡假聖地，夏天時美麗的海岸與風景，吸引世界各地的人到此一遊。

　　這個蛋糕據說是在偶然之下誕生。名爲 Carmine di Fiore 的料理人，受艾爾‧卡彭（Al Capone）之令，爲了來採買當時流行的高統鞋套（Gaiters）的美國黑幫分子製作蛋糕。原本打算做杏仁果和巧克力的口味，但居然忘了放麵粉…，這個忘了放麵粉的巧克力蛋糕，受到美國黑幫分子們的讚譽「口感實在是濕潤、美味！」...從此這個蛋糕就被冠以「卡布里風格」之名而流傳下來。那是 1920 年，

是否眞的出自艾爾‧卡彭？無法判定故事眞僞，但所謂的創作，往往源自偶然。

　　現在不只是卡布里，以阿瑪菲海岸爲中心的整個坎帕尼亞大區，都可以看到卡布里蛋糕。特徵是杏仁果和巧克力形成的潤澤口感，與外側香香脆脆截然不同，令人樂在其中，柳橙的香氣也讓人不由得聯想起溫暖的南義風景。不添加麵粉，也很受到麩質不耐症者的重視與關注。

　　具有故事的糕點，美國人當然不會錯過。卡布里蛋糕在移居美國的義大利人之間傳開，現在已成爲日本義大利餐廳最經典的甜點了。

卡布里蛋糕（直徑 18cm 圓模 / 1 個）

材料
杏仁粉 ……125g
苦甜巧克力（切碎）……85g
奶油（回復常溫）……85g
蛋黃 ……2 個
蛋白 ……2 個
細砂糖 ……85g
柳橙皮 ……1/2 個
糖粉（完成時使用）…… 適量

製作方法
1 切成細碎的巧克力、回復常溫的奶油一起放入缽盆中，以隔水加熱融化。
2 蛋黃和細砂糖 70g 放入另外的缽盆中，用攪拌器混拌至顏色發白、變得濃稠，加入柳橙皮、1，繼續充分混拌。加入杏仁粉，用橡皮刮刀混拌。
3 在另外的缽盆中放入蛋白，其餘的 15g 細砂糖分二次加入，邊加入邊以攪拌器攪打至 8 分打發的蛋白霜。
4 分二次將 3 加入 2 中，避免破壞蛋白霜氣泡地用橡皮刮刀大動作混拌。
5 將 4 倒入舖有烤盤紙的模型中，以 180℃預熱的烤箱烘烤 30 ～ 35 分鐘。放涼後篩上糖粉。

貝 殼 千 層 酥

SFOGLIATELLA

阿瑪菲海岸的修道院所製作的甜麵包

● 種類：烘烤糕點　　● 場合：糕點店
● 構成：瑪里托巴麵粉基底的麵團＋豬脂＋瑞可達起司基底的內餡＋糖煮水果

漫步在拿坡里（坎帕尼亞大區首府）的街上應該隨處可見，貝殼形狀的甜麵包。豬脂在麵團中特有的香酥口感，與奶油散發的香甜風味，深深吸引拿坡里人的點心。

雖然材料看起來十分簡單，但製作時就會發現不容易。麵團要擀壓成薄且長的狀態，刷塗大量豬脂再確實地從邊緣捲起。要擀壓到多薄、多長，表面能做出多少層次，就是關鍵了。

現在是大家所熟悉的拿坡里糕點，但據說原來是在 1600 年，由阿瑪菲海岸的聖羅莎修道院（Monastero Santa Rosa）所製作。到了 1800 年代，唯一擁有原始食譜配方的阿瑪菲糕點師，開始在拿坡里製作，爆炸性地受到喜愛。這樣的貝殼千層酥有二種，一種是前述修道院製作將麵團層疊，稱爲 Sfogliatella Riccia，另一個稱爲 Sfogliatella Frolla，則是用柔軟的塔麵團夾入奶油餡。

貝殼千層酥（12 個）

材料

麵團

瑪里托巴麵粉（Manitoba）
　……200g
蜂蜜……16g
水……75ml
鹽……1 小撮
豬脂……100g

內餡

杜蘭小麥粉（Semolino）
　……60g
鹽……1g
水……190ml

A

瑞可達起司……60g
雞蛋……1/2 個
糖粉……50g
糖煮柳橙（切碎）……20g
糖煮檸檬（切碎）……20g
肉桂粉……少量
香草粉……少量

糖粉（完成時使用）……適量

製作方法

1 製作麵團。在缽盆中放入瑪里托巴麵粉，中央作出凹槽，加入用量的水、蜂蜜、鹽揉和，放入冷藏室靜置 3 小時。

2 用壓麵機將 1 擀壓成 1mm 的極薄麵皮，表面用手塗抹大量豬脂，由邊緣開始捲起，以保鮮膜覆後靜置一夜。

3 準備內餡。在鍋中將用量的水加熱至沸騰，放入杜蘭小麥粉和鹽，用攪拌器邊混拌邊加熱，待成團能離鍋時取出移至方型淺盤上，直接放至冷卻，再分成 12 份。

4 加入 A 充分混拌至沒有結塊為止。

5 整型。將 2 切成 1cm 寬的 12 片。雙手略塗抹豬脂，用雙手拿起 1 片，用姆指邊從圓心向邊緣薄薄地一邊推展一邊轉動麵團，成為圓錐形下凹的容器狀。

6 放入一份 4 的內餡，確實封閉開口。擺放在舖有烤盤紙的烤盤上，以 220℃ 預熱的烤箱烘烤約 15 分鐘，放涼後篩上糖粉。

小麥起司塔

PASTIERA

復活節慶典時加入熟麥的瑞可達起司塔

◆ 種類：烘烤糕點　　● 場合：家庭糕點、糕點店、節慶糕點
◆ 構成：塔麵團＋熟麥＋瑞可達起司餡＋橙花水

在義大利有很多復活節的糕點，但提到拿坡里的復活節，不可少的就是小麥起司塔（Pastiera）。關於起源的說法很多，但拿坡里人最愛的是人魚帕耳忒諾珀（Parthenope）的傳說故事。一到春天，人們送給拿坡里灣以甜美歌聲歡唱的人魚 7 件禮物。麵粉、瑞可達起司、雞蛋、牛奶煮過的小麥、橙花水、香料、砂糖。人魚欣喜接受，製作出這個添加熟麥、有格狀圖案的瑞可達塔。這當然是傳說，實際上較為有根據的說法，是誕生於拿坡里的修道院。

小麥起司塔使用的是硬質小麥，硬質小麥如同其名十分堅硬，所以在烹煮前要先浸泡在水中 3 天，所以在此用的是熟麥（Grano cotto），將已經烹煮過的硬質小麥裝在瓶子或罐中銷售，在義大利很多超市貨架都可以找到。有了這個，家庭廚房也能簡單地製作，但想要有顆粒分明的麥粒口感時，還是只能自己在家烹煮。小麥起司塔另一個不可或缺的是橙花水，很適合迎接春季的復活節，增添華麗的香甜氣息。

小麥起司塔（直徑 16cm 塔模 / 1 個）

材料
基本的塔麵團（→P222）……150g
熟麥（grano cotto）……100g
牛奶 ……125ml
A
┌ 檸檬皮 ……1/4 個
│ 肉桂粉 ……1g
│ 細砂糖 ……10g
└ 鹽 ……1g
瑞可達起司 ……100g
B
┌ 細砂糖 ……25g
│ 橙花水 ……少量
│ 糖煮香櫞（粗粒）……15g
└ 糖煮柳橙（粗粒）……15g
雞蛋 ……1 個

製作方法
1. 在鍋中放入牛奶煮至沸騰，加入熟麥、A，用小火煮約 10 分鐘。待牛奶完全被熟麥吸收後，移至方型淺盤放涼。
2. 過濾瑞可達起司，與 B 一起放入缽盆中。用攪拌器充分混拌後，加入雞蛋，混拌。加入 1，用橡皮刮刀充分混合拌勻。
3. 用擀麵棍將 2/3 的塔麵團擀壓成圓形，舖入刷塗奶油並撒上低筋麵粉（用量外）的塔模中，倒入 2 平整表面。其餘的麵團擀平切成 1cm 寬的帶狀，在表面交錯做成格狀裝飾。
4. 以 180℃ 預熱的烤箱烘烤 40 ～ 50 分鐘。

橙花水（Aroma Fior d'Aran-cio）在義大利一般超市就能買到。

硬質小麥烹煮完成的熟麥（Grano cotto）。寬大的瓶身傳達義大利人做蛋糕習慣的大尺寸。

檸檬海綿蛋糕

DELIZIA AL LIMONE

每一口都散發檸檬香氣的蛋糕

● 種類：新鮮糕點　　● 場合：糕點店、咖啡吧‧餐廳
● 構成：海綿蛋糕＋檸檬奶油＋糖漿

　　檸檬海綿蛋糕（Delizia al Limone）是坎帕尼亞大區，蘇連多的甜點。以阿瑪菲、拿坡里等渡假聖地聞名的蘇連多半島，是檸檬還有表皮凹凸、巨大柑橘類－香櫞的著名產地。駕車沿著曲折的海岸線行駛，就能看到當地裝滿檸檬插著「蘇連多檸檬」手寫招牌的籃子。再仔細一看，就能瞧見曬得黝黑、充滿歲月印記的農家老伯，坐在一旁小小的折疊椅上。賣的是果汁豐富、極具酸度且香氣十足的優質檸檬。

　　檸檬，與當地另一種乳製品名產製作的甜點，據說是蘇連多料理師協會的前會長 Carmine Marzuillo，在年輕時所創。他仍擔任飯店主廚時，開發了使用當地名產檸檬製作的糕點，發表時受到很高的迴響。之後在弟弟 Alfonso 上班，經常聚集來自世界美食家的餐廳推出後，立刻蔚為風潮。接著在阿瑪菲海岸的糕點師與主廚們競相製作，糕點店不用說，連餐廳都把檸檬海綿蛋糕作為餐後甜點，熱度席捲當地。

　　另一方面，看似平凡的圓頂蛋糕，實際上製作卻沒那麼容易。中間填入的奶油餡，是 3 個種類的奶油餡混合而成，之後再加入牛奶作成表層覆蓋的奶油霜。小小的蛋糕，必須使用 4 種奶油餡。從蛋糕體到奶油，為了飄散著檸檬香氣，全部材料都加入了檸檬皮和檸檬酒。

　　位於海岸城市的阿瑪菲，從飯店露台就能眺望美麗湛藍的海景，晴朗的午後，檸檬海綿蛋糕搭配白葡萄酒，感受輕風吹拂的悠閒時光，是極致的渡假樂趣。

相較於左邊的檸檬，就能瞭解香櫞有多巨大，食用白色纖維的部分。

◆ ◆

檸檬海綿蛋糕（直徑 7cm 的圓頂模／10 個）

材料

海綿蛋糕麵糊
- 全蛋（回復常溫）……200g
- 蛋黃……20g
- 細砂糖……120g
- 低筋麵粉……60g
- 玉米澱粉……60g
- 檸檬皮……10g

海綿蛋糕用糖漿
- 水……100ml
- 細砂糖……35ml
- 檸檬酒……20ml

*1 檸檬奶油餡
- 蛋黃……70g
- 細砂糖……70g
- 奶油（回復常溫）……70g
- 檸檬汁……70ml
- 檸檬皮……1/2 個

*2 檸檬卡士達奶油餡
- 牛奶……125ml
- 鮮奶油……75ml
- 蛋黃……90g
- 細砂糖……75g
- 玉米澱粉……18g
- 檸檬皮……1 個

*3 蛋糕體內餡
- 鮮奶油……200ml
- 細砂糖……20g
- 檸檬酒……20ml
- 檸檬奶油餡（*1）……全量
- 檸檬卡士達奶油餡（*2）
  …… 全量

表層淋醬
- 蛋糕體內餡（*3）
  ……400g
- 牛奶（冰冷備用）……200ml

打發鮮奶油、切碎的檸檬皮
（裝飾用）…… 各適量

製作方法

海綿蛋糕體和糖漿

1 參考 P222 製作海綿蛋糕麵糊。步驟 1 添加蛋黃，步驟 2 用玉米澱粉取代太白粉，添加檸檬皮。倒入輕輕刷塗奶油（用量外）的模型中，以 170℃預熱的烤箱烘烤 25 ～ 30 分鐘，直接放至冷卻。

2 製作糖漿。在鍋中放入用量的水和細砂糖，用小火加熱混拌。待砂糖溶化後離火，加入檸檬酒混拌。

檸檬奶油餡

3 在耐熱缽盆中放入蛋黃、細砂糖，用攪拌器混拌。

4 在鍋中放入檸檬汁，用中火加熱，即將沸騰時加入 3，用攪拌器充分混拌。再次倒回鍋中以中火加熱，達 80℃時，一邊用橡皮刮刀混拌一邊加熱，移至缽盆。直接放置降溫至 40℃，放入回復常溫的奶油和檸檬皮，以手持電動攪拌機攪拌，待滑順後緊貼奶油餡表面，蓋上保鮮膜放入冷藏室冷卻。

檸檬卡士達奶油餡

5 在耐熱缽盆中放入蛋黃、細砂糖，用攪拌器混拌，加入玉米澱粉再次混拌。

6 在鍋中放入牛奶和鮮奶油，用小火加熱，即將沸騰時加入 5，迅速混拌後倒回鍋中。以中火加熱，達 85℃時，一邊用橡皮刮刀混拌一邊加熱後離火，加入檸檬皮取出放方形淺盤中。緊貼奶油餡表面，蓋上保鮮膜放入冷藏室冷卻。

蛋糕體內餡

7 在缽盆中放入鮮奶油和細砂糖，用手持電動攪拌機攪拌至 8 分打發。

8 將檸檬卡士達奶油餡放在另外的缽盆中，用橡皮刮刀混拌至柔軟，加入檸檬酒用攪拌器混拌至滑順為止。再依序加入檸檬奶油餡、7，每次加入都混拌至滑順。

9 取出 400g 預留表層淋醬用另外放在缽盆中，其餘放進裝有 1cm 擠花嘴的擠花袋內。

完成

10 將 1 由模型中取出，蛋糕體底部正中央用擠花嘴輕輕刺入，擠入 9 的奶油餡。

11 用刷子將 2 大量刷塗在全體蛋糕體表面，置於冷藏室 1 小時以上冷卻。

12 製作表層淋醬（預前進行）。在 9 取出的奶油餡中少量逐次地加入冰冷的牛奶，每次加入都以攪拌器充分混拌至滑順。

13 將 11 的圓頂部分朝下地倒著浸入 12 中，連圓頂底部都沾裹淋醬之後取出翻正。將裝飾用的打發鮮奶油放入擠花袋內，擠出裝飾再放上檸檬皮，放入冷藏室靜置 6 小時。

◆ ◆

聖約瑟夫泡芙
ZEPPOLE DI SAN GIUSEPPE

耶穌基督養父日的節慶油炸泡芙

◆ ◆ ◆ ◆ ◆ ◆ ◆ ◆ ◆ ◆ ◆ ◆ ◆ ◆ ◆ ◆

● 種類：油炸點心
● 場合：家庭糕點、糕點店、節慶糕點
● 構成：泡芙麵團＋卡士達奶油餡＋糖漬酸櫻桃

　　耶穌基督的養父－聖約瑟夫是個工匠，逃出埃及時被神授予油炸食品店的職業，因此聖約瑟夫成了「油炸食品店的守護聖者」，義大利也會在這天享用油炸糕點。

　　泡芙麵團油炸後擠上大量卡士達奶油餡的 Zeppole，表面還會裝飾上糖漬酸櫻桃（Amarena）。近年來跟上健康熱潮，也開始出現烘烤的聖約瑟夫泡芙。

聖約瑟夫泡芙（10 個）

材料
基本的泡芙麵糊（→P223）⋯⋯ 全量
基本的卡士達奶油餡（→P223）⋯⋯ 全量
沙拉油（油炸用）⋯⋯ 適量
糖粉（完成時使用）⋯⋯ 適量
糖漬酸櫻桃（裝飾用）⋯⋯ 適量

製作方法
1 泡芙麵糊放進裝有星形擠花嘴的擠花袋內，在裁好 10cm 正方的烤盤紙上擠出直徑 7cm 的圓形麵糊。共擠出 10 個。
2 將 1 連同烤盤紙一起放入 200℃的油中，炸至金黃色。瀝乾油，放涼後篩上糖粉。
3 將卡士達奶油餡裝入擠花袋內，擠在泡芙表面並裝飾上糖漬酸櫻桃。

Fabbri 公司有名的糖漬酸櫻桃。在義大利的超市都有販售，日本也可在專門店購得。

巴巴
BABÀ

由波蘭傳至法國，再抵達拿坡里

● 種類：麵包、發酵糕點　　● 場合：糕點店、咖啡吧·餐廳
● 構成：發酵麵團＋蘭姆糖漿

　　提到巴巴，可能很多人會以爲起源於拿坡里吧，但其實是在 1700 年初，由波蘭國王斯坦尼斯瓦夫一世（Stanisław Leszczyński）發想出來的糕點。國王最喜歡的庫克洛夫（Kouglof），當時會搭配馬德拉醬（sauce madère）享用，但某一天國王想到「浸泡到利口酒糖漿中，不是也會很好吃嗎？」，這就是巴巴的起源。糕點的名稱，取自國王喜愛的書『一千零一夜』裡「阿里巴巴與四十大盜」主角的名字，所以命名爲「Baba」。

　　1738 年，因爲皇室間通婚，巴巴也隨之遠渡法國。1800 年後，由歐洲各地帶入各式各樣的料理，使法國的飲食文化開花結果，當時侍奉貴族的頂尖廚師也被稱爲 Monsieur。受到當時法國的影響，拿坡里也有法國人開設的料理學校，巴巴就是在這樣的機會下傳入當地，在貴族階層之間廣受喜愛。

　　當時的巴巴，是用大型的圈模烘烤，再塗上杏桃果醬增加光澤，擠上卡士達奶油和打發的鮮奶油，並以水果裝飾，並搭配瑪薩拉風味的沙巴雍（→P22）作爲醬汁，非常豪華的呈現。

　　現在雖然用小的模型烘烤，看起來簡單許多，但甜度仍與當時不變。請搭配拿坡里香濃的濃縮咖啡一起享用。

巴巴（直徑 6×6cm 的巴巴模型 / 8 個）

材料
瑪里托巴麵粉（Manitoba）
　……200g
啤酒酵母……10g
雞蛋……4 個
細砂糖……10g
鹽……4g
奶油（回復常溫）……60g
糖漿
　┌ 水……700ml
　│ 細砂糖……280ml
　└ 蘭姆酒……120ml
打發鮮奶油（裝飾用）……酌量

製作方法
1　在缽盆中放入瑪里托巴麵粉和啤酒酵母，雞蛋每次 1 個地加入，每次加入都用攪拌器拌勻。一邊加入細砂糖、鹽，一邊充分混拌均勻，少量逐次地加入回復常溫的奶油，用手持電動攪拌機攪拌至滑順。
2　移至較大的缽盆中，置於溫暖的地方使其發酵膨脹成 2 倍大。
3　用手輕輕按壓麵團排出氣體，再分成 8 等份，放入至模型一半的高度。置於溫暖的地方使其發酵膨脹至模型的 9 分滿。
4　以 200℃預熱的烤箱烘烤 15 ～ 20 分鐘。
5　製作糖漿。在鍋中放入用量的水，以中火加熱，放入細砂糖使其溶化。直接放涼後加入蘭姆酒混拌。
6　待 4 稍稍放涼後，置於 5 中浸泡一夜使其滲入。依個人喜好裝飾上打發的鮮奶油。

巧克力杏仁蛋糕
PARROZZO

澆淋上巧克力的杏仁蛋糕

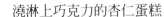

● 種類：烘烤糕點　　● 場合：糕點店
● 構成：杏仁果＋太白粉＋低筋麵粉＋砂糖＋雞蛋＋奶油＋巧克力

　　原型是源自當地農民製作的玉米粉麵包，當時是由玉米粉（cornmeal）和質地不太細緻的雜糧穀物製成，用柴窯烘烤至呈焦色。切開後是黃色的，當時認爲細碾成白色的麵粉才是上等品，所以它被稱作農民的「粗食麵包 Pane rozzo」。

　　阿布魯佐大區，佩斯卡拉（Pescara）的糕點師 Luigi D'Amico 想著，難道不能將這款粗食麵包變成糕點嗎？粗粒的黃色玉米粉口感，換成用杏仁果磨成的粉，烤至焦色的部分則用表層的巧克力來象徵。正當思索這款糕點該用什麼名稱才好的當下，詩人賈布里耶達努齊歐（Gabriele D'Annunzio）正好來到店裡，討論後有了「就將 Pane rozzo 簡化，用 Parrozzo 吧？」因此產生了現代版「不算粗食的麵包」。1926 年 D'Amico 進行商標登錄，現在則以大型食品廠的型態持續生產巧克力杏仁蛋糕（Parrozzo）。

　　入口後就會發現這是充滿杏仁果和柳橙香氣、口感豐富的糕點，完全聯想不到粗食麵包印象的美味。與奶油蛋糕或海綿蛋糕不同的風味與口感，是巧克力杏仁蛋糕才有的特殊風味，即使在義大利也不太爲人所知，這樣的地方糕點還有很多很多，想到就令人熱血沸騰啊。

巧克力杏仁蛋糕（直徑 8cm 的圓頂模 / 3 個）

材料
A
- 去皮杏仁果 ⋯⋯25g
- 細砂糖 ⋯⋯15g
- 鹽 ⋯⋯1g
- 柳橙皮 ⋯⋯1/4 個

B
- 太白粉 ⋯⋯20g
- 低筋麵粉 ⋯⋯20g

細砂糖 ⋯⋯30g
融化奶油 ⋯⋯25g
蛋黃 ⋯⋯3 個
蛋白 ⋯⋯3 個
苦甜巧克力 ⋯⋯100g

製作方法
1　將 A 放入食物調理機內攪打成粉狀。
2　在缽盆中放入蛋黃和細砂糖，用手持攪拌機混拌至產生濃稠。
3　在另外的缽盆中放入 1、B，用橡皮刮刀充分混拌，依序加入 2、融化奶油，每次加入後都混拌均勻。
4　將打至 8 分發的蛋白霜加入 3，避免破壞氣泡地用橡皮刮刀大動作混拌。倒入刷塗上奶油並撒有低筋麵粉（用量外）的模型中，以 180℃預熱的烤箱烘烤 35 ～ 40 分鐘，放涼。
5　隔水加熱切碎的巧克力，沾裹在全體表面。

法 蘭 酥

FERRATELLE

以專用模型製作的薄煎餅

種類：烘烤糕點　　● 場合：家庭糕點
構成：低筋麵粉＋雞蛋＋橄欖油＋砂糖

　阿布魯佐家庭代代相傳的點心－法蘭酥（Ferratelle）。製作方法十分簡單，只要將材料依序加入，再將麵糊舀至 Ferratelle 專用模型中，反覆翻面用直火烘烤即可。雖然看似簡單，但火力與受熱程度實在不太好控制，這也是製作時的樂趣。

　詢問阿布魯佐的朋友，據說 Ferratelle 有二種。一種是使用較少麵粉的薄脆型，本書介紹的屬於這種。利用平坦的模具，將麵糊舀至模型上，用力按壓烘烤就能完成。另一種是麵粉類和雞蛋略多，較柔軟類似格子鬆餅（Waffle）的類型，使用的是略厚的模具，放入濃稠的麵糊後，輕輕閉合烘烤至兩面鬆軟。

　法蘭酥的起源，據說可以追溯到羅馬帝國時代，當時稱為「Crustulum」，與現在 Ferratelle 的材料幾乎相同。發現的鐵製模具，是西元 700 年，刻有家族徽紋圖案的製品。

　法蘭酥可以當作早餐或點心直接食用，也可以塗抹果醬或能多益（Nutella 深受義大利人喜愛的榛果巧克力醬）享用。即使以相同的模型製作，厚薄不同，口感也完全不同，非常有意思。

各式各樣的Ferratelle
模具，越使用就能讓
油脂滲入，更加好用。

法蘭酥（約 20 片）

材料
雞蛋……2 個
橄欖油……45ml
細砂糖……45g
低筋麵粉……140g
鹽……2g
檸檬皮……1/4 個
※Ferratelle 模具

製作方法
1　在缽盆中放入雞蛋、橄欖油、細砂糖，用攪拌器充分混拌，加進低筋麵粉、鹽、檸檬皮，混拌至滑順狀。
2　加熱模型，塗抹橄欖油（用量外），將麵糊舀至模型的單面中央處，蓋下模具，用中火烘烤二面至呈金黃色。

萊切塞小塔
PASTICCIOTTO LECCESE

塔皮中填滿卡士達內餡的萊切塞著名糕點

◆◆◆◆◆◆◆ 種類：塔派、蛋糕 ●場合：家庭糕點、糕點店
構成：塔麵團＋卡士達奶油餡

有「義大利鞋跟」之稱，位於東海岸亞德里亞海邊的普利亞大區，南部的薩倫托（Salento）有著隱藏版的著名糕點。

正確來說，1745 年出現在距離萊切塞（Leccese）25 公里的南方，名為加拉蒂納（Galatina）市區的 Pasticceria Ascalone 店內。店主 Andrea Ascalone 為了對抗當時嚴重的不景氣，每天都在摸索找尋適合的好方法。某天，用剩餘的塔麵團和卡士達奶油餡，試著做成小型的「Pasticciotto＝蛋糕、塔」。當時並沒有製作小型糕點的習慣，都是做成大的再分切，因此小型糕點的商品不太受到喜愛。當時將這些小型糕點趁熱免費送給前來店舖對面教會的人，這樣的美味逐漸口耳相傳地散佈開，因此得到附近城市的訂單，最後擴

大推廣至萊切塞。之後有許多糕點師開始製作，而成了萊切塞的著名糕點。

也有存留的文獻中提及 Pasticciotto 是從 1500 年，在羅馬開始製作。從普利亞北部福賈的文獻來看，則是從 1700 年開始。原型從羅馬經由福賈，傳入了萊切塞。

萊切塞小塔是用豬油做成酥酥脆脆的塔皮中，填入大量的卡士達奶油餡。美味製作的訣竅就是短時間高溫完成烘烤。烘烤時間一長，其中的奶油餡水分會隨之蒸發變得乾燥。現在是在稱為「fruttone」的杏仁麵團中填入 Cotogna（榅桲的果醬（Konfitura））。

雖然不是生鮮食品，但這款糕點的賞味期竟然只有當天，趁熱享用是當地的習慣，也是早餐不可少的糕點。

◆◆◆◆◆◆◆◆◆◆◆◆◆◆◆◆◆◆◆◆◆◆◆◆
萊切塞小塔（直徑 5cm 的塔模／ 12 個）

材料

低筋麵粉 ……200g
泡打粉 ……2g
豬脂（或奶油）……100g
細砂糖 ……100g
香草粉 …… 少量
檸檬皮 ……1/4 個
蛋黃 ……2 個
基本的卡士達奶油餡（→P223）
…… 120g

製作方法

1 在缽盆中放入低筋麵粉和泡打粉，中央做出凹槽，放進豬脂，用手指摩擦般地使材料混合。加入細砂糖、檸檬皮、香草粉後混拌，再加入蛋黃混拌，待材料整合成團後，包好放入冷藏室靜置 1 小時。

2 麵團的半量用擀麵棍擀壓成 5mm 厚，分切成 12 等份，舖至刷塗融化奶油並撒低筋麵粉（用量外）的模型中。將卡士達奶油餡放入擠花袋內大量擠在麵團上，其餘的麵團同樣擀薄分切成 12 等份，覆蓋在奶油餡上。

3 用手使模型邊緣的麵團閉合，以 200℃預熱的烤箱烘烤 10 ～ 15 分鐘。

塔拉麗脆餅
TARALLI DOLCI

飛機餐常見的圓形點心

◆ ◆

種類：烘烤糕點　　●　場合：家庭糕點、糕點店
構成：低筋麵粉＋雞蛋＋砂糖＋橄欖油＋糖衣

提到普利亞想到的就是 Taralli！現在是義大利全國超市都可以看見的經典點心。日本和義大利開始直航後，頻繁出現在義大利航空（Alitalia）所供應的零嘴選項內。

Taralli 的語源包括：拉丁文「torrère＝帶著焦色」、希臘語「toros＝圓形」等各種說法，但形狀一定是圓形中間有洞的圈狀。

過去，農民會和朋友在柴窯附近，邊吃Taralli 邊喝葡萄酒，表示友情的款待。雖然在普利亞很有名，但現在幾乎整個南義都有，正確的起源已不可考。拿坡里的 Taralli 比普利亞的大上一圈，並且用豬脂取代橄欖油製作麵團，還會添加胡椒和杏仁果。普利亞的

Taralli 比較近似麵包或麵包棒（Grissini），拿坡里的比較近似脆餅。

普利亞的 Taralli，是先將麵團燙煮後烘烤，因此特徵是表面很光滑。作為小零嘴，有茴香、辣椒等各式口味，甜味也是變化之一。話雖如此，麵團本身隱約就帶著甜味，再澆淋上糖衣來調強甜度。糖衣用水溶化細砂糖後離火，用攪拌器充分混拌，呈現出顆粒的口感。

義大利有句諺語：「Finire a tarallucci e vino（終結於塔拉麗脆餅和葡萄酒）」，意思是紛擾爭執都能和平解決。由此就能看出 Taralli 是普利亞生活中不可少的存在。

◆ ◆

塔拉麗脆餅（約32個）

材料

低筋麵粉 …… 160g
雞蛋 …… 1 個
細砂糖 …… 35g
橄欖油 …… 15ml
泡打粉 …… 2g
香草粉 …… 少量
糖衣
　細砂糖 …… 125g
　水 …… 25ml
　檸檬汁 …… 數滴

製作方法

1　在缽盆中放入低筋麵粉，中央做出凹槽，將除了糖衣之外的材料全部放入，揉和成團後靜置 30 分鐘。

2　取出 1 的麵團，搓揉成粗 5mm、長 10cm 的細條狀，再整形成圈狀，放置在布巾上。

3　用熱水少量逐次地燙煮，浮起後立即撈取至布巾上，晾乾。

4　排放在舖有烤盤紙的烤盤上，以 180℃預熱的烤箱，烘烤約 10 分鐘。

5　預備糖衣。在鍋中放入細砂糖和水，以中火加熱，待砂糖溶化水分蒸發後離火。添加檸檬汁，用攪拌器混拌至顏色發白。

6　將 5 塗抹在 4 的單面，靜置至糖衣乾燥。

水煮蛋復活節點心
SCARCELLA PUGLIESE

大膽放入水煮蛋的復活節烘烤點心

- 種類：烘烤糕點　● 場合：家庭糕點、糕點店、節慶糕點
- 構成：低筋麵粉＋砂糖＋雞蛋＋牛奶＋橄欖油＋水煮蛋

　普利亞全區都有的復活節糕點，在復活節期間作爲早餐享用。

　普利亞北部的福賈（Foggia），會烘烤成輪胎狀，覆蓋白色糖衣再用小小蛋形的巧克力裝飾。Scarcella 在當地方言是「環狀」的意思，圓形是帶來幸運的形狀，所以在迎接春天到來的復活節慶典很討喜。其他的地區，除了圓形之外，還有鴿形、籃子、羊等各種形狀的糕餅，也會裝飾上水煮蛋烘烤，再撒上彩色的巧克力米。具有重生意味的雞蛋是復活節的象徵，在卡拉布里亞和西西里很常見。Scarcella 日文譯成「釋放（scarcerare）」，似乎是意味著從原罪中解脫。

　在還沒有泡打粉之前，**麵團會使用碳酸氫銨作爲膨脹劑**，不止是普利亞，還頻繁使用在南義，糕點特別想要呈現鬆脆口感的時候，所以當地超市很容易買到，但要注意在烘烤過程中會充滿阿摩尼亞的味道，烤後則不會殘留這樣的氣味。

　比較令人在意的是，上面的水煮蛋是否就這樣吃掉呢？當然，正確作法就是吃掉。先水煮又烘烤雖然會變得硬一些，但作爲早餐，我總是連水煮蛋一起吃，你也吃吧。

　即使如此，也是令人覺得耳目一新的糕點，義大利人的想像力，眞的讓人不禁想拍手致意。

南部很多碳酸氫銨以小包裝出售，與泡打粉的口感略有不同。

水煮蛋復活節點心（直徑 10cm ／ 2 個）

材料

麵團
- 低筋麵粉 ……250g
- 細砂糖 ……65g
- 碳酸氫銨 ……4g（或泡打粉）
- 雞蛋 ……1 個
- 檸檬皮 ……1/4 個
- 牛奶 ……25ml
- 橄欖油 ……35ml

水煮蛋（帶殼、裝飾用）……2 個

彩色巧克力米（裝飾用）…… 適量

製作方法

1. 在缽盆中放入低筋麵粉，中央做出凹槽，將麵團的材料全部放入，揉和成團。
2. 麵團分成 4 等份，各別整型成粗 2cm、長 25cm 的長條狀。2 根交錯編起作成圈狀，接口處擺放帶殼的水煮蛋，撒上裝飾的彩色巧克力米。
3. 以 180℃預熱的烤箱，烘烤約 30 分鐘。

修女的乳房
TETTE DELLE MONACHE

鬆軟的海綿蛋糕
搭配滿滿的卡士達餡

◆ ◆ ◆ ◆ ◆ ◆ ◆ ◆ ◆ ◆ ◆ ◆ ◆ ◆ ◆ ◆
- 種類：烘烤糕點
- 場合：家庭糕點、糕點店
- 構成：海綿蛋糕＋卡士達奶油餡

　　直接翻譯就是「修女的乳房」的意思。位於以麵包聞名，阿爾塔穆拉（普利亞大區），聖嘉勒聖殿（Basilica di Santa Chiara）的傳統糕點。為了向義大利的麵包守護神（聖阿加莎 Sant'Agata）致敬而製作。由修道院轉為糕點店至今仍持續營業，可以品嚐到最原始的 Tette delle monache。實際製作時，要避免破壞麵糊中蛋白霜的氣泡輕巧的混拌，擠出中央較高隆起的形狀是重點。

修女的乳房
（直徑約 5cm／10 個）

材料
蛋黃 …… 2 個	基本的卡士達奶油餡
蛋白 …… 2 個	（→P223）…… 100g
細砂糖 …… 20g	糖粉（完成時使用）
低筋麵粉 …… 40g	…… 適量
檸檬皮 …… 1/4 個	

製作方法
1　蛋黃和細砂糖 10g 放入缽盆中，用攪拌器混拌至濃稠，加入低筋麵粉、檸檬皮混拌。
2　在另外的缽盆中放入蛋白，分數次加入其餘的細砂糖，邊攪拌成 8 分打發的蛋白霜。
3　將 2 的半量分次加入 1 中，每次加入都用橡皮刮刀避免破壞氣泡地大動作混拌。放入裝有圓形擠花嘴的擠花袋內，在舖有烤盤紙的烤盤上擠出 10 個中央隆起的圓形。
4　以 170℃ 預熱的烤箱烘烤約 15 分鐘。
5　將卡士達奶油餡放入裝有直徑 1cm 圓形擠花嘴的擠花袋內，從 4 的底部刺入擠出奶油餡，再篩上糖粉。

普利亞耶誕玫瑰脆餅
CARTELLATE

代表耶穌基督榮光的
耶誕油炸糕點

◆ 種類：油炸點心／麵包、發酵糕點
◆ 場合：家庭糕點、糕點店、節慶糕點
◆ 構成：發酵麵團＋蜂蜜

　　名字的由來是希臘語的「kartallos（前端有
尖角的籃子）」。在普利亞首府巴里（Bari）附
近，發現了西元前十一世紀的壁畫，有很類似
Cartellate 的甜點，也記錄了製作方法，雖然
不能肯定就是 Cartellate，但以此形狀代表耶
穌基督身後的光環。

　　本書中使用的是比較容易購得的蜂蜜，但
在普利亞，有很多家庭使用的是葡萄榨汁後熬
煮的濃縮葡萄汁（Vincotto）。

普利亞耶誕玫瑰脆餅
（直徑 5cm ／ 20 個）

材料
麵團		鹽 ……2g
低筋麵粉 ……240g		白葡萄酒 ……40ml
啤酒酵母 ……12g		沙拉油（油炸用）…… 適量
溫水 ……40ml		蜂蜜 …… 適量
橄欖油 ……50ml		彩色巧克力米
		（裝飾用）…… 適量

製作方法

1　以溫水溶化啤酒酵母、麵團全部的材料一
　　起放入缽盆中，揉和至滑順後，置於溫暖
　　的地方 1 小時使其發酵。

2　取出放在撒有手粉的工作檯上，用擀麵棍
　　擀壓成薄片狀，用波浪型滾輪切麵刀切出
　　寬 5cm、長 30cm 的長方片 20 片。

3　將長方片的短邊對折，每 3cm 就用手指捏
　　合做出一段空間，再由一端為中心，鬆鬆
　　的繞圈捲起，收口的地方捏合，整型成一
　　朵玫瑰花的形狀。

4　用 200℃ 熱油油炸至呈現金黃色，取出
　　瀝油。

5　蜂蜜放入鍋中加熱，融化後大量沾裹在 4
　　的表面，撒上彩色巧克力米。

CALABRIA

SUD

◆ PITTA'NCHIUSA

皮塔卷

PITTA'NCHIUSA

南義的肉桂卷

◆ 種類：烘烤糕點　　● 場合：家庭糕點、糕點店、節慶糕點
構成：低筋麵粉基底的麵團＋葡萄乾、蜂蜜、香料等內餡

在卡拉布里亞大區的卡坦扎羅（Catanzaro）和克羅托內（Crotone），稱爲 Pitta'nchiusa，在科森察（Cosenza）就叫 Pitta'impigliata。Pitta 是希臘語的「Picta（佛卡夏）」、阿拉伯語的「Pita（壓扁）」。「'nchiusa」和「'mpigliata」都是「黏貼」的意思，是將麵團貼合整型而來的名字。

起源可以回溯到西元前的古希臘時代。每年 5 月有將裝飾的圓形麵包獻給女神的習俗，基督教時代，則是持續獻給聖母瑪利亞，不斷變化添加新的材料，直到成了現在的形狀。另一方面科森察的聖喬瓦尼因菲奧雷（San Giovanni in Fiore），在 1728 年 Pitta'nchiusa 出現在簽訂結婚證書時，證婚人所留下的資料中，據說是重大慶祝活動時會製作的糕點。現在卡拉布里亞全區，都會在耶誕或復活節時製作。

大量使用了堅果、柑橘類、香料的皮塔卷，添加了南義的珍貴食材烘烤而成。

皮塔卷（直徑 18cm 的圓模／1 個）

材料

麵團

- 低筋麵粉 …… 250g
- 泡打粉 …… 8g
- 鹽 …… 1 小撮
- 雞蛋 …… 1 個
- 橄欖油 …… 50ml
- 慕斯卡托
  （Moscato 白葡萄酒）…… 25ml
- 柳橙汁 …… 25ml
- 細砂糖 …… 15g
- 肉桂粉 …… 少量
- 柳橙皮 …… 1/4 個

內餡

- 葡萄乾 …… 100g
- 蜂蜜 …… 125g
- 核桃（粗粒）…… 100g
- 松子（粗粒）…… 30g
- 丁香粉 …… 1/4 小匙
- 肉桂粉 …… 1/4 小匙
- 柳橙皮 …… 1/4 個
- 檸檬皮 …… 1/4 個
- 慕斯卡托葡萄酒 …… 50ml

蛋液（完成時使用）…… 1 個
蜂蜜（完成時使用）…… 適量

製作方法

1　製作內餡。葡萄乾放入溫水中泡軟、擰乾，切成粗粒。將全部材料放入缽盆中混拌，放置 3 ～ 4 小時使其入味。

2　製作麵團。在缽盆中放入低筋麵粉和泡打粉，用手混合後在中央作出凹槽，加入全部材料揉至滑順。

3　取出放在工作檯上分成 8 等份，其中 1 份用擀麵棍擀壓成直徑 18cm 的圓形。在模型中刷塗奶油，撒上低筋麵粉（用量外），舖放圓片麵團。

4　其餘麵團用擀麵棍擀壓成 7×20cm 的長方形 7 片。每片中央擺放分成 7 等份的 1，均勻攤平，從下方對折（不需用力貼合），稍微按壓並從一端開始包捲成圓柱狀，擺放在 3 的中央。

5　同樣地製作其餘 6 個，與第 1 卷緊貼環繞地擺放，整理形狀。

6　用刷子將蛋液刷塗在表面，放入以 180℃ 預熱的烤箱中烘烤約 40 分鐘。趁溫熱時，澆淋上隔水加熱融化的蜂蜜。

杏仁無花果餅
CROCETTE

結集了卡拉布里亞所有名產的耶誕糕點

◆ 種類：杏仁膏、其他　　◆ 場合：家庭糕點、糕點店、節慶糕點
◆ 構成：乾燥無花果＋杏仁果

代表卡拉布里亞大區的傳統食材－乾燥無花果。其中北部科森察（Cosenza）的 Dottato 品種最爲有名，並登錄爲 DOP（原產地名稱保護），它的美味讓其他地區的義大利人臣服。

舊約聖經中的亞當和夏娃，遮擋身體用的就是無花果葉，這樣的描述就不難想像無花果自古以來就存在。是何時？如何傳入卡拉布里亞？這部分就不太明確，但原產是在阿拉伯南部，所以有可能在數千年前就由腓尼基人將無花果從阿拉伯帶進此地。

無花果根據品種，一年可以結果二次，Dottato 品種也是。最先的「Fioroni」是在 6 月中旬～ 7 月間收成，果實帶著紫色，適合直接食用。第二次的「Forniti」是在 8 ～ 9 月間採收，果肉略白、皮薄，適合加工成乾燥無花果。

Crocette 使用的是第二次的 Forniti 無花果，在夏天手摘收成後，置於網架上仔細完成乾燥。製作的過程很簡單，但從無花果的採收開始，都只能手工作業，眞的是相當花時間的一道甜點。或許有人覺得只是乾燥無花果而已...，但眞的嚐到，會發現全部食材的風味，在口中融合，糕點的完成度比想像中更叫人驚艷不已。

杏仁無花果餅會在乾燥無花果完成的秋天時製作，保存至耶誕節。在甜食非常貴重的時代，能保留強烈甜味的乾燥水果，是非常棒的甜點。因爲是在耶誕期間享用，所以做出十字的形狀。家庭可以簡單地用烤箱烘烤，但在科森札，會再將成品浸泡糖漿，裝盒作爲當地的名產販售。

◆◆

杏仁無花果餅（4 個）

材料
乾燥無花果 ……16 個
帶皮杏仁果（或核桃，烘烤）
　……16 個
柳橙皮 ……1/4 個
月桂葉 ……4 片

製作方法
1 用水洗淨乾燥無花果，以廚房紙巾拭去水分。除去梗，用刀子從底部將無花果橫向剖開。
2 剖開的下方無花果，各別擺放 1 個用 180℃烤箱烘烤過的杏仁果、柳橙皮，另 1 片也同樣進行，疊放成十字形狀。
3 再取 2 片，果肉朝下覆蓋在 2 的上方，放成十字形狀。
4 由上方按壓使其貼合，排放在舖有烤盤紙的烤盤上，擺放月桂葉，以 180℃預熱的烤箱烘烤約 10 分鐘。

義大利修道院的歷史與角色

隨著書本內容，各位應該發現出現了很多"修道院起源"的糕點。中世紀全盛時期（十一～十三世紀），義大利各地的修道院，競相製作各式各樣的糕點。爲什麼修道院會製作糕點呢？讓我們來回顧一下歷史。

修道院在基督教，是教會內供修道士祈禱與共同生活的機構。男女在不同的修道院生活，一生侍奉耶穌基督且不允許結婚。修道士在義大利語中稱爲「Monaco」，語源來自希臘的「Monos（唯一的人）」，至西元三世紀前，都必須在荒野間一個人進行嚴酷的修行。西元四世紀左右，在埃及的修道士依循基督教義開始共同生活，這個生活據點，就被稱作「Monastero＝修道院」，這也是名稱的來源。

義大利最早的修道院，據說是 529 年聖本尼狄克（Benedict）所建造的卡西諾山（Monte Cassino）修道院。修道院的戒律嚴格，以「祈禱、勞動」爲座右銘純粹地追求信仰。修道士（修女）每天用 4～5 小時祈禱，6～7 小時勞動（農田工作、研讀學問等），其中之一就是糕點製作和草藥研究。修道院開始製作糕點，據說起源於供給信徒彌撒時，代表基督聖體的麵包和節慶時食用的樸質糕點。這個時代的糕點，使用的是麵粉、雞蛋、蜂蜜等，以領地內可以取得的食材，製成簡單的甜點，和稍微需要工夫的麵包。此外，代表耶穌基督聖血的葡萄酒，也是在領地內栽種的葡萄，由修道院來釀造。自古以來研究香草功效的修道院也會栽植香料、藥草，並將其浸漬在葡萄酒或蒸餾酒中，作爲藥品治療巡禮參拜者或民眾。另外也會製作香草茶或軟膏，相當於現在藥局或醫院的功能。糕點或利口酒等使用香草的製品，會出售給一般民眾，收入就是維持修道院營運的重要來源。

中世紀全盛時期，隨著基督教權力的強大，修道院的活動也隨之興盛。修道院如同領主一般，支配土地、收取農民繳納的小麥等穀物、葡萄、蜂蜜、雞蛋等，將此作爲材料製作糕點或麵包。而這些強勢發展的契機，就是 1096 年的十字軍東征。在此之前活動範圍僅限於地中海貿易，但隨著十字軍東征而將砂糖、香料（肉桂、胡椒、肉豆蔻等）、柑橘類…帶入義大利。擁有絕大權利的基督教會，取得這些貴重且高價的食材，並製作成糕點，在耶誕節等重要節日慶典時，獻給主教或樞機大主教等高階神職人員。

另一方面，西元九世紀前，西西里一直都被阿拉伯人所統治，這些食材已藉由阿拉伯人傳入，所以較義大利本島更早就開始了糕點的發展。隨著砂糖、香料、柑橘類的普及，糕點世界的風味也一點一滴地豐富起來。這樣的情況到了中世紀全盛時期之後，糕點經由修女們而更加蓬勃。十六世紀末，西西里某個地方，發生了因修女們太過熱衷於糕點製作，而疏於宗教活動的事件，所以後來出現了很少見的糕點製造禁令。十九世紀，真正的糕點店誕生之前，糕點都是由修道院來販售。

經過 1000 年以上淬練，修道院利口酒等使用香草製作的成品與糕點技術，現在義大利各地仍能品嚐得到。

（由上起）巴勒摩新聖母主教座堂（Cattedrale di Santa Maria Nuova）的迴廊／夾著糖煮香櫞的脆餅和杏仁小點心，來自諾托（Noto）的修道院。

拿坡里著名的糕點－貝殼干層酥（→P146），來自阿瑪菲海岸的聖羅莎修道院（Monastero Santa Rosa）。

杏仁膏仿照水果做出的修道院水果（→P204），出自巴勒摩的海軍上將聖母教堂（Santa Maria dell'Ammiraglio）。

放入大量堅果和糖煮水果Q黏的潘芙蕾（→P108），是西恩納的耶誕糕點。

ISOLE

外島

◆Sassari

Barbagia◆

SARDEGNA
薩丁尼亞島

◆Oristano

Cagliari
◉

SICILIA
西西里島

Palermo
◉

Erice（Trapani）◆

◆Marsala

Bronte ◆

Etna
▲

◆Agrigento

◆ Pantelleria Island

Modica
◆

因其他民族的統治提早開始飲食文化的發展。
受到阿拉伯人影響的獨特糕點

義大利島嶼中，以面積最大著稱的西西里島，其次是薩丁尼亞島。溫暖的地中海氣候，四季和煦，盛產杏仁果、開心果等堅果類，以及橄欖、柑橘類、水果等。因為自古以來位居地中海貿易據點，曾受各民族統治，與義大利本島不相連，而發展出了獨特的歷史。糕點也混合了各種文化，有很多風格迥異的糕點，特別是在九世紀阿拉伯人統治下，將砂糖、香料帶入西西里，很早期就開始糕點文化的發展，之後糕點的技術也因皇室和修道院而更加精進。

不論哪個島，種植的都是硬質小麥，西西里特別被譽為「羅馬帝國的穀倉」，自古以來就是硬質小麥栽植興盛之地。放牧山羊，很多使用羊奶瑞可達起司製作的糕點也是特徵之一。古早以來，除了以蜂蜜做為甜味來源外，葡萄熬煮的濃縮葡萄汁（Vincotto 撒丁尼亞島稱為薩帕 Sapa）、榨擠梨果仙人掌（Opuntia ficus-indhica）的果實熬煮成糖漿等，在西元前就開始了。油脂類大多使用的是橄欖油和豬脂，但利用杏仁果的油脂成分，作出以杏仁膏為基底的糕點，也不是從本島傳來的文化。

不管怎麼說，這個區域從歷史到語言都自成一格，特別是撒丁尼亞島的糕點名稱，仍有許多使用撒丁尼亞島方言，由此也能感受其獨特之處。

酥粒塔

SBRICIOLATA

酥鬆的餅乾和瑞可達起奶油餡

◆ 種類：塔派、蛋糕　　◆ 場合：家庭糕點
◆ 構成：酥粒麵團＋瑞可達起司餡＋杏仁果

　　酥粒麵團間夾入滿滿的瑞可達起司餡，是西西里西海岸，瑪薩拉（Marsala）有名的塔－酥粒塔（Sbriciolata）。與倫巴底的杏仁酥（Sbrisolona→P34）是相同的語源，都是「sbriciolare（破碎、易碎）」，表示製作Crumb酥粒的動詞。

　　在西西里，瑞可達起司除了部分地區外，都是以羊奶製作。牧羊的文化是阿拉伯人引進的生活方式之一，起司的製作方法也因阿拉伯人而有大幅的改良。瑞可達是「再烹煮」的意思，就是再次加熱製作起司之後的乳清而成。即使到現在，與一般起司相同價格販售，但在過去屬於材料再利用，不浪費食材發揮到極致的精神，也是農民們製作糕點時最強而有力的後盾。

　　酥粒塔不靜置麵團、也不使用擀麵棍，在短時間就能簡單完成。所以家庭製作頻繁，

每家使用的食譜配方也各不相同，取得美味的瑞可達起司，絕對是製作美味酥粒塔的關鍵。瑞可達起司的挑選，每個家庭都有自己的習慣。

　　剛製作完成，仍略帶溫熱的瑞可達起司，有其獨特的鬆綿口感與溫和的風味，確實冷藏後的瑞可達起司，口感緊實，又帶著清爽的檸檬風味。冬天搭配略燙口的卡布奇諾，夏天則是冰涼的瑪薩拉葡萄酒，配合季節改變享用方式，更能品嚐出其中的美味。

在西西里，會將整個瑞可達起司上桌，依自己喜好的份量舀取，再澆淋蜂蜜享用。

酥粒塔（直徑 18cm 的塔模／1 個）

材料

低筋麵粉 …… 175g
細砂糖 …… 100g
泡打粉 …… 8g
奶油（切成 1cm 方塊冷藏）
　　…… 80g
蛋液 …… 1 個
基本的瑞可達起司餡（→P224）
　　…… 180g
檸檬皮 …… 1/2 個
去皮杏仁果（切粗粒）…… 30g
糖粉（完成時使用）…… 適量

製作方法

1　在缽盆中放入低筋麵粉、細砂糖、泡打粉混拌。
2　將切成 1cm 方塊的冰涼奶油放入 1 中，用指尖搓揉般地與粉類結合。加入蛋液，用手掌輕輕搓成酥粒狀。
3　將 2 的半量填放至刷塗奶油並撒有低筋麵粉（用量外）的模型中，放入添加檸檬皮的瑞可達起司餡，推開攤平，擺放其餘的 2。
4　放上切成粗粒的杏仁果，以 180℃ 預熱的烤箱烘烤約 45 分鐘。冷卻後篩上糖粉。

開心果蛋糕
TORTA AL PISTACCHIO

豪奢使用綠寶石開心果的蛋糕

◆━━━━━━━━━━━━━━━━━━━━◆
● 種類：塔派、蛋糕　　● 場合：家庭糕點、糕點店
● 構成：開心果粉＋低筋麵粉＋砂糖＋雞蛋＋奶油

　以開心果產地聞名的西西里島，埃特納火山（Mount Etna）西北的布龍泰（Bronte）。埃特納火山標高 3323 公尺，是座仍頻繁噴發的活火山。噴發的火山灰和熔岩土壤，成為肥沃的土地，是此地區得天獨厚的恩賜，還有就是開心果。濃紫色薄薄的表皮中間，是令人眼睛為之一亮的鮮艷綠色，布龍泰的開心果也被稱為「綠色寶石 Emerald」。濃郁醇厚的豐富滋味，讓此地的開心果譽為世界第一。

　為了產出優質的開心果，二年僅收成一次，產量少價格也高。也因此，相較於一般的點心，開心果較常作為婚禮、生日等特殊節慶用的糕點上。最具代表性的就是開心果蛋糕（Torta）。這款豪奢的加了低筋麵粉倍量的開心果粉，鮮艷的綠色令人印象深刻，入口清爽又香濃，開心果特有的香氣在口中盪漾。

　在布龍泰市區，進到糕點店就可以看見綠色的世界。櫥窗中列隊閱兵一般的開心果糕點，是這個城市獨有的場景吧。

　布龍泰著名的開心果，其實整個西西里都有種植。現在除了開心果蛋糕之外，也會用在裝填至糕點內的奶油餡或義式冰淇淋上，是西西里糕點中不可或缺的食材之一。

布龍泰店内的櫥窗，排放撒滿開心果粉的小點心。中間是開心果奶油餡。

◆━━━━━━━━━━━━━━━━━━━━━━━━━━◆

開心果蛋糕（直徑 15cm 的圓模／1 個）

材料
雞蛋 …… 2 個
奶油（回復常溫）…… 65g
細砂糖 …… 70g
開心果粉 …… 75g
低筋麵粉 …… 40g
泡打粉 …… 4g

製作方法
1 在缽盆中放入回復常溫的奶油和細砂糖，用攪拌器混拌至顏色發白為止。
2 雞蛋每次加入 1 個，每次加入後都用攪拌器充分混拌。放入開心果粉、低筋麵粉、泡打粉，用橡皮刮刀混拌至粉類完全消失。
3 倒入刷塗奶油並撒有低筋麵粉（皆用量外）的模型中，以 180℃預熱的烤箱烘烤約 30 分鐘，再撒上大量開心果粉（用量外）。

巧克力牛肉餃

'MPANATIGGHI

加入牛肉的甜餡餅

種類：餅乾　●場合：家庭糕點、糕點店
構成：低筋麵粉基底的麵團＋牛絞肉＋堅果＋巧克力＋香料

西西里東南部，以巴洛克建築登錄世界文化遺產的拉古薩（Ragusa）省，莫迪卡市（Modica）的傳統糕點。

莫迪卡在十六世紀西班牙統治時期，就以義大利最早傳入可可之地而聞名。現在也以可可塊和砂糖低溫融化凝固，帶著砂糖口感的莫迪卡巧克力而繁榮。

Mpanatigghi 是大家不太熟悉的語源，據說是從西班牙包有內餡的恩潘納達 Empanadas 半圓形麵包而來，而且請大家不要過度吃驚，內餡加了牛肉。

莫迪卡飼養的是傳統品種的莫迪卡牛，在沒有冰箱的時代，肉類保存是非常重要的課題。據說想要借用可可和砂糖來延長保存期限，是這款糕點的出發點。粉類和砂糖的碳水化合物，加入牛肉補充脂質和蛋白質，大量添加的堅果則能補充豐富的維生素。巧克力牛肉餃能獲得均衡的營養，又能方便農民們務農時攜帶作為午餐。

現今，在莫迪卡的 Dolceria（義大利的糕點店是 "Pasticceria"，但在莫迪卡則是稱為 "Dolceria"），是必備的產品，也是很受當地人歡迎的伴手禮。

巧克力牛肉餃（約 30 個）

材料

麵團
- 低筋麵粉 ……250g
- 細砂糖 ……70g
- 豬脂 ……70g
- 全蛋 ……1 個
- 蛋黃 ……3 個
- 瑪薩拉酒 ……15ml

內餡
- 牛絞肉 ……100g
- 去皮杏仁果 ……100g
- 核桃 ……50g
- 苦甜巧克力 ……50g
- 肉桂粉 ……5g
- 丁香粉 ……2g

蛋白 …… 適量

製作方法

1. 製作麵團。在缽盆中放入低筋麵粉，中央作出凹槽，加入其餘的材料揉和，至滑順後覆蓋保鮮膜，放入冷藏室靜置 1 小時。
2. 準備內餡。用中火拌炒鍋中的牛絞肉，至水分揮發後離火，冷卻。
3. 杏仁果、核桃、巧克力放入食物調理機中攪打成細碎狀。
4. 在缽盆中放入 2、3、內餡用的其他材料，以手抓握般將材料揉搓整合成團。
5. 取出 1 的麵團放至工作檯上，用擀麵棍擀壓成薄麵皮，用直徑 8cm 的圓形切模切出約 30 片麵皮。
6. 將 4 分成 30 等份，揉搓滾圓成直徑 2cm 的球狀，各別擺放在麵皮的正中央。邊緣刷塗蛋白，對折並按壓邊緣使其閉合。用波浪型滾輪切麵刀將邊緣切齊，表面用剪刀剪出十字紋。
7. 放在舖有烤盤紙的烤盤上，以 180℃ 預熱的烤箱烘烤約 20 分鐘。

女王脆餅
BISCOTTI REGINA

大量撒上珍貴芝麻的
"女王脆餅"

◆ ◆ ◆ ◆ ◆ ◆ ◆ ◆ ◆ ◆ ◆ ◆ ◆ ◆ ◆ ◆

● 種類：餅乾
● 場合：家庭糕點、糕點店、麵包店
● 構成：低筋麵粉＋砂糖＋豬脂＋雞蛋＋芝麻

　　女王脆餅（Biscotti Regina）在西邊的西
西里稱 Reginelle，在東邊的西西里則是叫
Sesamini。原產於非洲的芝麻，是九世紀隨著
阿拉伯人傳入西西里的食材之一。營養價值
高且貴重，所以稱作"女王脆餅"。早餐、點
心，搭配瑪薩拉酒、潘泰萊里亞甜白酒（Passito
di Pantelleria）、莫瓦西亞白葡萄酒（Malvasia）
等，活躍在各種場合。

女王脆餅（約 20 個）

材料
低筋麵粉 ⋯⋯165g
細砂糖 ⋯⋯50g
豬脂（或奶油）⋯⋯60g
雞蛋 ⋯⋯ 1/2 個
泡打粉 ⋯⋯3g
檸檬皮 ⋯⋯ 1/3 個
牛奶 ⋯⋯30ml
白芝麻 ⋯⋯40g

製作方法
1　牛奶和芝麻以外的材料全部放入缽盆中，
　　用手抓握般地混拌。整合成團後，覆蓋保
　　鮮膜放入冷藏室靜置 1 小時。
2　搓揉成直徑 1.5cm 的圓柱，切成 3cm 寬
　　的塊狀。
3　將2浸入牛奶中蘸濕再裹上滿滿的白芝麻，
　　排放在舖有烤盤紙的烤盤上，以 180℃預
　　熱的烤箱烘烤 15 ～ 20 分鐘，烘烤至芝麻
　　略呈烤色為止。

杏仁蛋白脆餅
BISCOTTI DI MANDORLE

不添加麵粉，
只用杏仁果呈現出潤澤感

◆ ◆ ◆ ◆ ◆ ◆ ◆ ◆ ◆ ◆ ◆ ◆ ◆ ◆ ◆
- 種類：餅乾
- 場合：家庭糕點、糕點店
- 構成：杏仁果＋蛋白＋砂糖

　　杏仁果對西西里糕點而言，是非常重要
的食材之一，因此杏仁蛋白脆餅（Biscotti di
Mandorle）幾乎全西西里都看得到。沒有添加
麵粉，所以沒有必要烘烤過久，留有柔軟口感
是其特徵。西西里的糕點店，排列在櫥窗中各
種類型的杏仁蛋白脆餅，光是看就賞心悅目，
而且能夠久放，是最能代表西西里的伴手禮。
放了幾乎和杏仁果等量的砂糖，所以適合搭配
濃縮咖啡。

杏仁蛋白脆餅（約 20 個）

材料
杏仁粉 ⋯⋯250g
蛋白 ⋯⋯2 個
細砂糖 ⋯⋯200g
柳橙皮 ⋯⋯1/2 個
糖漬櫻桃、松子、糖粉等（裝飾用）⋯⋯ 各適量

製作方法
1 將裝飾用以外的材料全部放入缽盆中，用
　手抓握般混拌。
2 手掌用水濡濕，將麵團滾圓成直徑 2cm 的
　球狀，用紅與綠的糖漬櫻桃裝飾。另一種
　整型成長橢圓形，外層沾裹上松子輕輕按
　壓。再一種整形成長橢圓形，用手指輕輕
　抓取糖粉撒在表面。
3 排放在舖有烤盤紙的烤盤上，以 180℃ 預
　熱的烤箱烘烤 10 ～ 12 分鐘，烘烤至略呈
　烤色為止。

熱內亞
GENOVESE

杜蘭小麥粉麵團中加入大量卡士達奶油餡

◆ 種類：烘烤糕點　　● 場合：糕點店
◆ 構成：杜蘭小麥粉基底的麵團＋卡士達奶油餡

　　西西里西部山上，中世紀城市埃里切（Erice）的著名糕點。名字的意思是「熱內亞風格」，位在埃里切下方港口的特拉帕尼，與熱內亞的交易盛行，形狀飽滿蓬鬆的點心，與熱內亞海軍的帽子相似因此而命名，這樣的說法較有說服力。

　　麵團中添加了杜蘭小麥粉，因此口感上比較鬆軟。奶油餡比一般卡士達奶油餡的蛋黃量更少，也更加清爽。因為是柔軟的麵團，大量使用手粉會比較容易作業。由烤箱中取出後約 10 分鐘，稍微冷卻後篩上大量糖粉，在溫熱狀態下享用十分美味。

　　以杏仁果製作的修道院糕點（下方照片）聞名的埃里切，現在也還留有能品嚐到修女所製作，杏仁果點心的糕點店。探訪埃里切時，選購能久存的修道院糕點當作伴手禮，溫熱的熱內亞就當場一飽口福吧。

埃里切「Maria Grammatico」糕點店內的修道院糕點。杏仁膏中添加了糖煮香櫞。

熱內亞（6 個）

材料

麵團
- 奶油（回復常溫）……50g
- 細砂糖……50g
- 蛋黃……1 個
- 水……1 大匙
- 杜蘭小麥粉（Semolino）……65g
- 低筋麵粉……65g

卡士達奶油餡
- 牛奶……125ml
- 蛋黃……1/2 個
- 細砂糖……25g
- 檸檬皮……1/4 個
- 玉米澱粉……10g

糖粉（完成時使用）……適量

製作方法

1　製作麵團。將回復常溫的奶油放入缽盆中，攪拌成軟膏狀，放入細砂糖用攪拌器攪拌至顏色發白。
2　加入蛋黃充分混拌，加入用量的水，迅速混拌。
3　混合杜蘭小麥粉和低筋麵粉，加入 2，用橡皮刮刀混拌，用手將麵團整合成團，覆蓋保鮮膜，放在冷藏室靜置 1 小時。
4　製作奶油餡。在鍋中放入蛋黃、細砂糖、檸檬皮，用攪拌器充分混拌。
5　在缽盆中放入玉米澱粉和半量的牛奶，用攪拌器充分混拌使其融合，加入其餘牛奶並充分混拌。邊少量逐次地加入 4 中，邊用攪拌器充分混拌。
6　用中火加熱 5 的鍋子，加熱的同時不斷地攪拌，當底部開始有些凝固時，轉為小火加熱，再持續攪拌，由鍋底開始冒出氣泡時離火。移至方型淺盤中，用保鮮膜緊貼奶油餡，直接放置冷卻。
7　將 3 的麵團分成 6 等份，每個麵團分別滾圓，用杜蘭小麥粉作為手粉（用量外）撒在工作檯上，用擀麵棍擀成 15×10cm 的橢圓形。
8　用湯匙將分成 6 等份的卡士達奶油餡擺放在 7 橢圓形的一側，另一側對折確實按壓邊緣，用直徑 7cm 的圓形切模壓切出形狀。
9　以 180℃預熱的烤箱烘烤約 15 分鐘，烘烤至麵團呈現烤色為止。放涼後篩上糖粉。

果仁環形蛋糕

BUCCELLATO

包入滿滿無花果醬的耶誕糕點

◆◆◆◆◆◆◆◆◆◆◆◆◆◆◆◆◆◆◆◆◆◆◆◆◆◆◆

種類：烘烤糕點　　●場合：家庭糕點、糕點店
構成：杜蘭小麥粉基底的麵團＋乾燥無花果醬的內餡

深受阿拉伯影響的西西里農家，幾乎可以說每家的庭院都有種植無花果。夏季成熟時採收後在院子裡曬乾，作為耶誕糕點的材料。因此整個西西里有各式各樣使用乾燥無花果的耶誕糕點，其中最華麗的就是果仁環形蛋糕（Buccellato）。

很少聽到的名稱－「buccellatum」，是從古羅馬帝國時期，正中央帶著孔洞的麵包而來。

托斯卡尼的盧卡（Lucca），有加了許多乾燥水果，稱爲 Buccellato di Lucca 同樣形狀的蛋糕，由來相同。在九世紀隨著阿拉伯人傳入西西里的無花果、柑橘類、杏仁果、香料，都被大量運用在糕點並持續發展，說是受到阿拉伯人恩惠的糕點也不爲過吧。西西里首府巴勒摩的市區，整年都能在糕點店中看到裝飾華麗的果仁環形蛋糕。

◆◆◆◆◆◆◆◆◆◆◆◆◆◆◆◆◆◆◆◆◆◆◆◆◆◆◆

果仁環形蛋糕 (直徑 15cm ／ 1 個)

材料

麵團
- 低筋麵粉 ⋯⋯ 115g
- 杜蘭小麥粉 (Semolino) ⋯⋯50g
- 細砂糖 ⋯⋯50g
- 豬脂 ⋯⋯50g
- 香草粉 ⋯⋯ 少量
- 泡打粉 ⋯⋯3g
- 全蛋 ⋯⋯ 1/2 個
- 牛奶 ⋯⋯25ml

內餡
- 乾燥無花果 ⋯⋯160g
- 葡萄乾 ⋯⋯15g
- 帶皮杏仁果 ⋯⋯15g

- 核桃 ⋯⋯15g
- 開心果 ⋯⋯15g
- 糖煮柳橙 (粗粒) ⋯⋯15g
- 苦甜巧克力 (粗粒) ⋯⋯15g
- 柳橙皮 ⋯⋯ 1/4 個
- 肉桂粉 ⋯⋯ 少量
- 丁香粉 ⋯⋯ 少量
- 瑪薩拉酒 ⋯⋯10ml

蛋黃 ⋯⋯ 適量

杏桃果醬 ⋯⋯ 適量
堅果、糖煮水果等 (裝飾用) ⋯⋯ 各適量

製作方法

1　製作內餡。杏仁果、核桃、開心果以 180℃的烤箱烘烤後切成粗粒。乾燥無花果和葡萄乾用沸騰的熱水煮約 5 分鐘，瀝乾水分，用食物調理機打成膏狀。將這些與其他內餡材料一起放入缽盆中混拌，用手抓握般地將材料整合為一。

2　製作麵團。將全部材料放入缽盆中揉和，待呈滑順狀態後放入在冷藏室靜置 1 小時。

3　將 1 搓揉成 3cm 粗、長 30cm 的圓柱狀。

4　把 2 取出至工作檯上，用擀麵棍擀壓成 5mm 厚、邊長 30cm 的正方形。中央放置 3，從靠近自己的方向和外側各朝中央包起，用手輕輕轉動整型成 3cm 粗的圓柱狀。將兩端相接成環狀，接口處用手確實捏合。

5　表面斜向劃入切紋，用刷子將蛋黃刷塗在表面。以 200℃預熱的烤箱烘烤約 30 分鐘，冷卻後塗抹杏桃果醬，依個人喜好擺放裝飾。

中間紮實的包入無花果醬，與瑪薩拉酒等一起作為餐後甜點享用。

聖約瑟夫炸泡芙
SFINCIA DI SAN GIUSEPPE

拳頭大的炸泡芙上抹了滿滿的瑞可達起司餡

◆ 種類：油炸點心　　● 場合：家庭糕點、糕點店、節慶糕點
◆ 構成：泡芙麵團＋瑞可達起司餡

　　3月19日聖約瑟夫日，西西里的西部地方會食用的糕點。巴勒摩稱爲 Sfincia，在特拉帕尼則是稱爲 Sfincione。這天因爲是耶穌基督的養父約瑟夫之日，所以也是義大利的父親節。

　　Sfincia 是從拉丁語的「spongia」或是阿拉伯語的「isfang」而來，兩者都是海綿的意思。實際上，現今在阿拉伯仍有稱爲 sfang 的油炸糕點，大多會澆淋蜂蜜享用。另外，提到海綿，指的是過去的海綿 sponge，就是有著凹凸不平形狀、柔軟觸感的海綿。

　　也有人說 Sfincia 的原型，是聖經或可蘭經中曾經登場像麵包般的食品，又有人說是阿拉伯人或波斯人製作，澆淋上蜂蜜的食品。無論爲何，都因巴勒摩的修道院而漸漸改變，之後糕點師在表面抹上瑞可達起司餡、糖煮柳橙，才進化成現在的形狀吧。

　　聖約瑟夫非常慈善，會將麵包分送給窮人，現在到了這天，以西西里西部爲主的大部分地區，街上都會舉行麵包節慶（→P99）。說是麵包節也不是眞的吃麵包，而是將麵包做成的麥穗、太陽、花朵等，各種宗教意義的象徵，裝飾在祭壇上，進行宗教上的獻禮和祈禱。

　　會在這天食用這款糕點，是因爲傳說聖約瑟夫是油炸食品店的守護者，或許原型是像麵包般的食品也說不定。在信仰深厚的西西里，這天糕點店總是大排長龍，都是爲了購買聖約瑟夫炸泡芙！

麵包節慶的祭壇。孔雀代表繁榮、花朵是春天、麥子是豐收等，製作這些帶著祈願的麵包來裝飾祭壇。

聖約瑟夫炸泡芙（6個）

材料
基本的泡芙麵團（→P222）…… 半量
基本的瑞可達起司餡（→P224）
　　…… 全量
沙拉油（油炸用）…… 適量
糖煮柳橙（裝飾用）…… 適量

製作方法
1　用湯匙舀起泡芙麵團放入 170℃的熱油中。待底部那一面固定後翻面，用叉子按壓使其略微裂開，將按壓面朝下地再次翻面，炸至確實呈色後瀝油。共製作6個。
2　待泡芙冷卻後，在裂開的表面抹上瑞可達起司餡，抹平，裝飾糖煮柳橙。

卡諾里
CANNOLI

有著現做的脆口表皮，再填滿瑞可達起司餡

● 種類：油炸點心　　● 場合：家庭糕點、糕點店、咖啡吧・餐廳、節慶糕點
● 構成：低筋麵粉基底的麵團＋瑞可達起司餡

　　過去被稱為 Scorza，外殼以 canna（蘆葦）包捲後油炸的筒狀點心，因而得名。本來是嘉年華的糕點，但現在和西西里卡薩塔蛋糕（Cassata Siciliana➜P196）並列為西西里代表性糕點，全年都有。發源於阿拉伯時代的後宮，之後才變為由修道院製作。

　　美味製作卡諾里（Cannoli）的糕點店，有 4 個共通的要件：一是對瑞可達起司的堅持。名店大多不是在市區而是在鄉間，這也是能購得美味的羊奶瑞可達起司的原因。成品是滑順的起司餡或是粗糙口感，就在於這點的堅持。

　　其次是手工製作的 Scorza。雖然現在也有市售品，但美味名店必定是手工製作。使用優質的麵粉，厚度與油炸程度與起司餡均衡搭配就是重點。

　　第三是食用前才填入瑞可達起司餡。美味店家會避免外殼濕軟，不會將卡諾里做好擺放在櫥窗內，客人點購後才會填入起司餡。最後，是大小！名店的卡諾里一定是大的，為了滿足西西里人的胃，20cm 左右的巨大卡諾里絕對是必要的。

一般的模型尺寸是 13cm 和 8cm，迷你尺寸則稱為 Cannolicchio。

卡諾里（8 個）

材料
麵團
- 低筋麵粉 …… 115g
- 細砂糖 …… 15g
- 奶油 …… 25g
- 可可粉 …… 5g
- 瑪薩拉酒 …… 20ml
- 紅葡萄酒 …… 30ml
- 鹽 …… 2g

基本的瑞可達起司餡（➜P224）
　…… 150g
花生油（油炸用）…… 適量
糖漬櫻桃（裝飾用）…… 適量
糖粉（完成時使用）…… 酌量

製作方法
1. 製作麵團。將全部材料放入缽盆中揉和至滑順，整合成團後覆蓋保鮮膜，放在冷藏室靜置 2 小時（麵團過硬時，可以酌量加水調整）。
2. 取出放至工作檯上，用擀麵棍擀壓成 2mm 厚，用直徑 10cm 的圓形切模按壓出 8 片麵皮。
3. 包捲在卡諾里模上確實捏合麵團，直接放入 180℃ 熱油中油炸。冷卻後脫模。
4. 在食用前，用裝有瑞可達起司餡的擠花袋，從 3 的兩端擠入填餡。裝飾糖漬櫻桃或柳橙，依個人喜好篩上糖粉。

潘泰萊里亞之吻

BACI DI PANTELLERIA

花朵形狀，潘泰萊里亞島的傳統糕點

● 種類：油炸點心　　● 場合：家庭糕點、糕點店、咖啡吧・餐廳
● 構成：低筋麵粉＋雞蛋＋牛奶＋瑞可達起司餡

潘泰萊里亞島位於西西里島的西南，接近突尼西亞的海島。因距離突尼西亞只有 80 公里，因此夜晚可以看見突尼西亞海岸市區的明亮燈火。本身是火山島，所以島上隨處都是黑色岩石，可以享受地熱的溫泉、洞窟中的蒸氣形成天然的三溫暖，全島就像是個天然 SPA。至今仍可看見稱為 Dammuso 的阿拉伯式房屋，由此可以得知，受阿拉伯影響之鉅。

Baci 在義大利文是接吻的意思，「bacio」是複數形。用 2 片油炸麵團包夾瑞可達起司餡，故以此命名。製作上需要有專用模型，只要準備好模型，其他步驟倒是簡單。在潘泰萊里亞，這種模型大多數家庭都常備，雖然日常生活中會當作點心，但島上的糕點店、麵包店、餐廳等，無論哪裡菜單上幾乎都有，是當地最受歡迎的糕點。

潘泰萊里亞島，因栽植方式登錄為世界遺產的亞歷山大慕斯卡（Zibibbo）品種，以此葡萄釀造的潘泰萊里亞甜白酒（Passito di Pantelleria），十分有名。添加葡萄乾釀造的葡萄酒，帶著杏、桃等水果香氣，是很令人心曠神怡的甜點酒。潘泰萊里亞之吻（Baci di Pantelleria）搭配潘泰萊里亞甜白酒一起品嚐，是當地人習慣的享用方式。

Baci 模型也有星形、三角形，但花型最受歡迎。模型浸入麵糊，放入油鍋後會自然脫模。

潘泰萊里亞之吻（8 個）

材料

牛奶 …… 200ml
低筋麵粉 …… 150g
雞蛋 …… 1 個
鹽 …… 3g
基本的瑞可達起司餡（→P224）
　…… 150g
沙拉油（油炸用）…… 適量
糖粉（完成時使用）…… 適量
※Baci 模型

製作方法

1　將牛奶、雞蛋、低筋麵粉放入缽盆中，用攪拌器混拌至沒有結塊。
2　將模型放入 180℃熱油中溫熱，之後浸入麵糊中，拉起放入炸油炸至金黃，取出瀝乾。同樣製作 16 片放涼。
3　二片一組地在其中一片塗抹瑞可達起司餡，覆蓋上另一片，再篩上糖粉。

松毬小點心
PIGNOLATA

散發瑪薩拉酒香的點心，澆淋大量蜂蜜

◆◆◆◆◆◆◆◆◆◆◆◆◆◆◆◆◆◆◆◆◆◆◆

種類：油炸點心　　●場合：家庭糕點、節慶糕點
構成：低筋麵粉＋杜蘭小麥粉＋雞蛋＋砂糖＋蜂蜜＋瑪薩拉酒＋橄欖油

　松毬小點心 Pignolata 會在嘉年華或耶誕期間製作。西西里的西部，會炸得酥脆後沾裹上蜂蜜；而東部美西納（Messina），則是炸得柔軟後沾裹上白色（檸檬風味）和黑色（巧克力風味）的糖衣等，食譜配方有好幾種。坎帕尼亞大區有稱為「Struffoli」在柔軟糕點表面沾裹上蜂蜜；馬凱大區的「Cicerchia」則是與松毬小點心非常相像的糕點，全南義都存在著很近似，但名字不同的點心。

　Pignolata 的語源是「pigna（松毬）」，分切小小地的麵團油炸後與松毬很像，故而得名。生長著許多松毬的松樹，在西西里是豐饒的象徵，代表「帶來幸運」的意思，所以在西西里的陶器店或禮品店內，也常會出售松樹形狀的小陶器。

　原本來是嘉年華糕點的松毬小點心，現在耶誕期間也會作。我住在西西里特拉帕尼時，耶誕節會看到家族出動，一起在廚房製作松毬小點心。義大利糕點，不僅是風味，更是增進家族團結的重要一環。

杜蘭小麥粉，
使用「二次碾
磨」粒子較細的
Rimacinata。

◆◆◆◆◆◆◆◆◆◆◆◆◆◆◆◆◆◆◆◆◆◆◆

松毬小點心（8 個）

材料

A
┌ 低筋麵粉 ……125g
│ 杜蘭小麥粉（Semolino）
│　……125g
│ 細砂糖 ……50g
└ 鹽 ……1 小撮
蛋液 ……1/2 個
橄欖油 ……35ml
瑪薩拉酒 ……40ml 左右
橄欖油（油炸用）…… 適量
蜂蜜 ……140g
彩色巧克力米（完成時使用）
…… 適量

製作方法

1　在缽盆中放入 A 混拌。加入蛋液、橄欖油、瑪薩拉酒的半量，用手抓握般揉和，視麵團狀態酌量調整瑪薩拉酒的用量。整合成團後覆蓋保鮮膜，放在冷藏室靜置 1 小時。

2　把 1 搓揉成 1cm 的圓柱狀，切成 1cm 塊狀，放置在布巾上。

3　將 2 放入 180℃熱油中油炸至金黃色，瀝乾。

4　蜂蜜放入平底鍋中以小火加熱，放入 3 沾裹。盛入烘焙紙杯中，撒上彩色巧克力米。

西西里卡薩塔蛋糕
CASSATA SICILIANA

色彩繽紛的復活節瑞可達蛋糕

◆ 種類：新鮮糕點　● 場合：家庭糕點、糕點店、咖啡吧‧餐廳、節慶糕點
構成：海綿蛋糕體＋瑞可達起司餡＋杏仁膏＋糖煮水果

　若有機會到西西里旅行，一定能看到它。到底這是款什麼樣的糕點呢？應該很多人都有這樣的疑惑。實際上它意外的是道簡單的瑞可達起司蛋糕，上面裝飾著糖煮水果，並沒有特別規定用哪一種，但基本會排列成放射狀。

　名字來自阿拉伯語的「quas'at（缽盆）」，距今 1000 年前阿拉伯統治時，某個牧羊人在瑞可達起司中混拌了蜂蜜，作成香甜的乳霜，放入缽盆中保存，因此這個乳霜就叫做「quas'at」。後來侍奉宮廷的料理人，用 2 片蛋糕將 quas'at（乳霜）夾著烘烤，就是最早的卡薩塔蛋糕（Cassata），這個原型以 Cassata al forno 之名，現在仍看得到。

　之後的舞台轉向修道院。諾曼第王朝時，修道院以杏仁果和砂糖混合製作出杏仁膏，像麵包般包著 quas'at，再用杏仁膏捲起烘烤，就是卡薩塔蛋糕（Cassata）。接著西班牙統治時，在瑞可達起司餡中添加巧克力，也開始以糖煮水果裝飾，西西里卡薩塔蛋糕（Cassata Siciliana）的食譜化爲文字呈現，則是進入十九世紀之後了。話雖如此，文獻上有紀錄 1575 年西海岸的馬扎拉德瓦洛（Mazara del Vallo）修道院，在復活節期間製作這款糕點，至今仍是復活節不可少的一道。

西西里卡薩塔蛋糕 (直徑 15cm 的 Cassata 模 / 1 個)

材料

基本的海綿蛋糕體（→P222）
　…… 約 100g
基本的杏仁膏（→P224-A）
　……80 ～ 100g
色粉（綠）…… 少量
基本的瑞可達起司餡（→P224）
　…… 約 200g
巧克力（切碎）…… 適量
糖漿
　┌ 水 ……30ml
　└ 細砂糖 ……5g
糖衣
　┌ 糖粉 ……125g
　└ 蛋白 ……20g
糖煮水果（裝飾用）…… 適量
※Cassata 模可用 Manqué 模代用

製作方法

1　製作綠色的杏仁麵團。在杏仁膏中加入 3 ～ 4 滴以用量外的水溶化的色粉，揉和使顏色均勻。

2　取出至工作檯上，用擀麵棍擀壓成 2 ～ 3mm 厚，切成較模型高度略寬的帶狀。在模型內側撒上玉米澱粉（用量外），沿著模型側面平貼地鋪放帶狀杏仁膏，切平至模型上緣。

3　在小鍋中放入糖漿材料，用中火加熱至砂糖溶化，放涼。海綿蛋糕體切成薄片鋪放在模型中，用刷子刷塗糖漿使海綿蛋糕體濕潤，切掉多餘的蛋糕體。

4　將巧克力碎片混拌至瑞可達起司餡中，填入 3 的模型內至 8 分滿。

5　步驟 3 切下的蛋糕體用手搓碎，撒在 4 上。刷塗糖漿，覆蓋保鮮膜置於冷藏室 1 小時冷卻。

6　翻轉倒扣後脫模。將糖衣的材料放入缽盆中充分混拌，澆淋在蛋糕表面並推整均勻，靜置 30 分鐘使其乾燥。依個人喜好將糖煮水果裝飾成放射狀。

檸檬凍
GELO

不使用明膠，
常溫凝固的果凍

◆ ● ◆ ● ◆ ● ◆ ● ◆ ● ◆ ● ◆ ● ◆

- 種類：湯匙甜點
- 場合：家庭糕點
- 構成：水＋澄粉＋砂糖＋檸檬汁等

　　起源據說也是在阿拉伯統治時代，阿爾巴尼亞人所帶進來，用煮過的澄粉製作，因此常溫下也能凝固，在沒有冰箱的時代就有了。與日本相同，一到夏天就會在家裡製作，糕點店幾乎看不到。除了檸檬，還可以加入肉桂、巧克力等，但在西西里的首府巴勒摩（Palermo），使用當地產的西瓜，是經典口味。

檸檬凍

（4 人份）

材料
檸檬汁 ⋯⋯40ml（1 個）
水 ⋯⋯160ml
檸檬皮 ⋯⋯1 個
澄粉（或玉米澱粉）⋯⋯20g
細砂糖 ⋯⋯50g

製作方法

1 混合檸檬汁和用量的水，充分混合。
2 在鍋中放入檸檬皮、澄粉、細砂糖，將 1 少量逐次地加入並避免結塊地充分混拌。
3 用中火加熱，以橡皮刮刀一邊不斷地混拌，一邊加熱至產生濃稠。
4 當鍋底開始冒出氣泡，立刻離火，倒入耐熱容器內，冷藏約 2 小時使其冷卻。

巴勒摩在 8 月
15 日聖母升天
節時，有食用
西瓜凍的傳統。

冰沙
GRANITA

炎熱西西里的夏季早餐

◆◆◆◆◆◆◆◆◆◆◆◆◆◆◆◆◆
- 種類：湯匙甜點
- 場合：家庭糕點、糕點店
- 構成：水＋砂糖＋濃縮咖啡等

　　據說阿拉伯人將埃特納火山等，西西里山上的積雪保存至夏天，將果汁或玫瑰水澆淋在削成碎冰的 Sharbat 上，就是原型。Granita 的名稱是從「Grattato（刨冰）」而來。檸檬、杏仁果、開心果、桑葚等，有各式各樣的口味，從西西里的西部最經典的茉莉口味，就可看出起源於阿拉伯的影子。將稱為布里歐的圓麵包搭配享用，就是西西里式的早餐。

咖啡冰沙
（4 人份）

材料
濃縮咖啡 ……50ml
細砂糖 ……40g
水 ……160ml
打發鮮奶油…… 適量

製作方法
1　在鍋中放入水和細砂糖，用中火加熱煮至砂糖溶化後，離火冷卻。
2　邊加入濃縮咖啡邊充分混拌，移至方型淺盤放入冷凍室。
3　1 小時後取出，用湯匙刮鬆混拌，再放回冷凍庫冷凍至適合的硬度約 4 小時。
4　在享用前 30 分鐘先取出置於常溫，每 10 分鐘用湯匙刮鬆混合。盛盤，搭配打發鮮奶油。

用夏季的新鮮水果製作的冰沙，色彩鮮艷風味濃郁。

硬質小麥甜粥
CUCCIA

煮過的硬質小麥搭配瑞可達起司餡

◆◆◆◆◆◆◆◆◆◆◆◆◆◆◆◆◆◆◆◆

- 種類：湯匙甜點
- 場合：家庭糕點、節慶糕點
- 構成：硬質小麥＋瑞可達起司餡

    對著聖露西（Santa Lucia）祈禱，將有來自遠方裝滿小麥的船。西西里的居民煮熟後食用，免於飢餓。因為這樣的傳說，所以 12 月 13 的聖露西日當天，西西里人會食用未加工過的小麥來取代麵粉。除了瑞可達起司之外，也會混合熬煮的濃縮葡萄汁（Vincotto）、卡士達奶油等。此外，糕點名稱是由「Chicchi（麥粒）」而來。

硬質小麥甜粥（5 人份）

材料
硬質小麥（粒、或大麥）⋯⋯50g
基本的瑞可達起司餡（→P224）⋯⋯150g
糖煮柳橙（5mm 丁）⋯⋯25g
巧克力（切碎）⋯⋯10g

製作方法
1　硬質小麥用大量的水浸泡，每天換一次水，需浸泡 3 天。
2　瀝乾水分用大量熱水煮 30 ～ 40 分鐘，煮至柔軟，用網篩撈起使其冷卻。
3　在缽盆中放入瑞可達起司餡、切成 5mm 的糖煮柳橙、巧克力碎片混拌。
4　加入 2，用橡皮刮刀使硬質小麥與全體均勻混合。

用濃縮葡萄糖漿（Mosto cotto）製成的硬質小麥甜粥，以糖煮水果裝飾。

杏仁牛奶白布丁
BIANCO MANGIARE

杏仁牛奶製成的布丁

◆◆◆◆◆◆◆◆◆◆◆◆◆◆
- 種類：湯匙甜點
- 場合：家庭糕點、糕點店
- 構成：杏仁果＋水＋牛奶＋澄粉＋砂糖

　　意思爲「白色食物」的 Bianco mangiare，據說是從阿拉伯有了砂糖和杏仁果粉，才開始出現的。西西里則是九世紀，由阿拉伯統治時傳入，之後擴及全歐洲。與檸檬凍（Gelo→P198）一樣，都是利用澄粉凝固，特徵是略帶黏稠，肉桂風味濃郁。雖然是家庭糕點，但很多餐廳也會以盤子裝盛作爲餐後甜點。

杏仁牛奶白布丁（6 人份）

材料

杏仁粉 …… 100g	細砂糖 …… 50g
水 …… 300ml	澄粉（或玉米澱粉）
檸檬皮 …… 1 個	…… 40g
牛奶 …… 約 200ml	肉桂粉 …… 適量

製作方法

1 杏仁粉和檸檬皮浸泡在用量的水中一整夜。
2 用牛奶將 1 補充至 400ml 的量。
3 鍋中放入澄粉、細砂糖、肉桂粉，倒入 2 的 1/3 用量，充分混拌至沒有凝結的塊狀，再加入其餘的 2，一起混拌。
4 以中火加熱，同時用橡皮刮刀不斷地攪拌，當鍋底開始冒出氣泡時，離火。立刻倒入模型中，降溫後，放至冷藏室冷卻凝固。

在製陶城市－卡爾塔吉龍（Caltagirone）買到的模型，也用能用於檸檬凍（Gelo）。

北非小麥甜點
CÙSCUSU DOLCE

飄散著阿拉伯香氣的甜味北非小麥

● 種類：湯匙甜點　　　● 場合：家庭糕點、咖啡吧·餐廳
● 構成：北非小麥＋堅果＋糖煮柳橙＋香料

　　一般提到北非小麥，應該想像的都是料理吧。西西里的西海岸，有傳自突尼西亞，手工製作北非小麥的傳統，也是義大利唯一保存此傳統的地方。手工製作的北非小麥，是在硬質小麥碾磨的粉中，少量逐次地添加水分混拌，之後調味再蒸 1 個半小時 ...，非常花時間，但口感確實相當不同。

　　北非小麥甜點（Cùscusu Dolce）的起源，據說是在西西里西南部，阿格里真托（Agrigento）的 Santo spirito 修道院。十四世紀時，某位侍奉貴族的阿拉伯女性，傳授修女們北非小麥的製作方法，從此開始製作北非小麥甜點，修道院仍在，但為了與人群保持距離，這款糕點至今仍密而不傳。但修院院有一般民眾能選購的糕點店，可購買北非小麥甜點，吃過的人無一不驚喜感動，因此廣為流傳。

　　材料除了巧克力之外，幾乎都是由阿拉伯人傳入，現在成為西西里名產食材。超過 1000 年以前，阿拉伯人真是為西西里的食材，帶來十分大的恩惠啊。

◆◆◆◆◆◆◆◆◆◆◆◆◆◆◆◆◆◆◆◆◆◆◆

北非小麥甜點（5 人份）

材料
北非小麥 …… 100g
奶油 …… 10g
A
- 糖煮柳橙（粗粒）…… 25g
- 巧克力（切碎）…… 30g
- 杏仁果 …… 25g
- 開心果 …… 25g
- 葡萄乾 …… 25g
- 糖粉 …… 10g
- 開心果粉 …… 10g
- 蜂蜜 …… 1 小匙
- 肉桂粉 …… 適量
- 丁香粉 …… 適量

製作方法
1. 將 A 的杏仁果和開心果放入 180℃的烤箱中烘烤，切成粗粒。葡萄乾浸泡溫水（用量外）還原擰乾水分，切成粗粒。
2. 在鍋中放入奶油以小火加熱融化，輕輕拌炒北非小麥。
3. 準備北非小麥包裝上指示的水分用量，煮至沸騰後加入 2，蓋上鍋蓋，燜煮 10 分鐘後打開鍋蓋。降溫後，加入 A 的糖粉和蜂蜜，充分混拌。
4. 將 1 和其餘的 A 加入，充分混拌，放入冷藏室靜置 30 分鐘使其入味。

上述食譜配方，使用在日本也很容易製作「Precot（已預先煮熟）」的北非小麥。

修道院水果

FRUTTA MARTORANA

做成水果形狀，「亡靈日」的杏仁膏點心

◆ 種類：杏仁膏、其他　　● 場合：家庭糕點、糕點店、節慶糕點
◆ 構成：杏仁膏

　　名爲「修道院水果」的這款糕點，起源於巴勒摩的海軍上將聖母教堂（Santa Maria dell'Ammiraglio）。十二世紀，位於巴勒摩市中心的海軍上將聖母教堂的庭院果實纍纍，被譽爲是當地最美的庭院。某年主教在秋季到訪，庭院中沒有任何果實，就使用了當時的新食材，杏仁果和砂糖製成的杏仁膏，仿照水果的模樣，做出柳橙、檸檬、無花果、蘋果、洋梨、桃子等，庭院中所有果樹的水果，裝飾在樹枝上迎接主教。

　　事過境遷的到了 1800 年，11 月 2 日的「亡靈節」，以日本來說就是死者的靈魂回到人世間的日子，據說有死者將甜美的食物送給小孩子們的習俗，因此當時的貴族們就挑選了這些美麗又美味的糕點。這就是現在修道院水果會成爲亡靈節糕點的原因，當然也和亡靈節在秋天有關吧。

　　現在全年都可以在糕點店內，看到這些色彩豐富的西西里名產，因爲能存放多日，也是大家最喜歡的伴手禮。

修道院水果（方便製作的用量）

材料
基本的杏仁膏（→P224-B）
　…… 全量
香草精…… 適量
丁香粉…… 適量
糖粉…… 適量
食用色素（紅、藍、黃）
　…… 各適量
※ 想製作的水果模型

西西里有賣專用的水果模型，和豐富的裝飾用葉片。

製作方法
製作杏仁膏
1　製作基本的杏仁膏 B。步驟 3 添加香草精和丁香粉。

整型
<蘋果、洋梨>
取 30g 杏仁膏，手上略蘸些糖粉，用手掌滾圓，整型成蘋果或洋梨的形狀。

<檸檬、柳橙、草莓、栗子等>
各別取出適合模型大小的杏仁膏，手上略蘸些糖粉，用手掌滾圓。輕輕按壓至撒了糖粉的模型中，使杏仁膏填滿模型。脫模，用刷子刷去多餘的糖粉。

染色
使用食用色素。紅、藍、黃依以下列比例混合，製作出喜歡的顏色即可。用筆蘸取塗上顏色，放置半天使其乾燥再裝飾上芯和葉。
柳橙…… 黃＋紅 2：1
紫…… 藍＋紅 1：1
咖啡…… 黃＋紅＋藍 5：3：1

復活節羔羊
AGNELLO PASQUALE

羔羊是復活節的象徵

◆◆◆◆◆◆◆◆◆◆◆◆◆◆◆◆◆◆◆

● 種類：杏仁膏、其他
● 場合：家庭糕點、糕點店、節慶糕點
● 構成：杏仁膏

「神之羔羊」是義大利全國在復活節時期一定會做的杏仁膏糕點。羊代表著善良的動物，紅旗是耶穌基督復活的象徵。

西西里在復活節開始之前，烘焙工具行就會出現許多羔羊的模型，有很多人會在家自己製作。作爲復活節當天的午餐甜點，和復活節鴿形麵包（→P48）、西西里卡薩塔蛋糕（→P196）放在一起，手拿著刀想著要由羔羊的何處切下？也是此季節特有的畫面。

復活節羔羊（1個）

材料
基本的杏仁膏（→P224-B）…… 150g
色粉 …… 適量
※ 專用的羔羊模型

製作方法
1 在杏仁膏表面輕輕篩上糖粉，放入羔羊模型中，壓製成型。
2 在臉部和身體刷上顏色。

羔羊模型。大型的有500g，最小的是50g，還有各種尺寸可選。

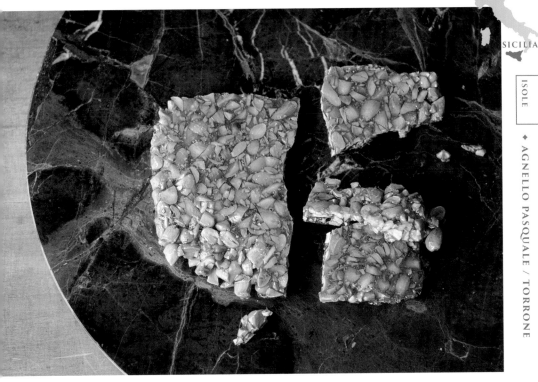

香脆杏仁糖
TORRONE

香香脆脆的焦糖杏仁果

◆◆◆◆◆◆◆◆◆◆◆◆◆◆◆◆◆◆
- 種類：杏仁膏、其他
- 場合：家庭糕點、糕點店
- 構成：杏仁果＋焦糖

    Torrone 的名字是從拉丁語「torreo（烘烤）」而來，但在西西里則是「Cubbaita」。起源於羅馬人或阿拉伯人，說法不一，但根據九世紀阿拉伯人將杏仁果、砂糖以及香料帶進西西里的歷史來看，或許來自阿拉伯人的說法比較有力，也有使用 Giuggiulena（芝麻）的配方。杏仁必須先確實烘烤，就是製作美味香脆杏仁糖的秘訣。

香脆杏仁糖（10×15cm ／ 1 個）

材料
去皮杏仁果 ……50g
細砂糖 ……100g
肉桂粉 ……1g
檸檬皮 ……1/4 個

製作方法
1 杏仁果用 180℃的烤箱烘烤，切成粗粒。
2 在平底鍋中放入細砂糖，用中火加熱至呈焦糖狀後，加入 1 迅速混拌。離火，加入肉桂粉、檸檬皮混拌。
3 趁 2 溫熱時攤放在鋪有烤盤紙的工作檯上，表面再覆蓋一張烤盤紙，用擀麵棍擀壓成1cm 厚。直接放至冷卻，完全冷卻前，半溫熱狀態下切成自己喜歡的大小。

婚禮杏仁塔

PASTISSUS

婚禮的美麗白色杏仁塔

◆◆◆◆◆◆◆◆◆◆◆◆◆◆◆◆◆◆◆◆◆◆◆◆◆◆◆◆
種類：塔派、蛋糕　●場合：家庭糕點、糕點店、節慶糕點
構成：塔麵團＋杏仁醬內餡＋糖衣

　是撒丁尼亞島西南部，奧里斯塔諾（Oristano）到卡尼亞里（Cagliari）廣大區域間的糕點，也稱為 Pastine reali、Cupolette，因婚禮等用途而製作。

　據說島上的女性都有雙巧手，無論是西西里或是撒丁尼亞，女性都擅長刺繡、能做複雜的手工義大利麵。我個人覺得，或許是島上悠然的日子，使得即使在被統治下，也能養成其獨特的美感。這樣的悠然自得反映在糕點上，曾在某家糕點店櫥窗前，看到美得驚人的婚禮杏仁塔（Pastissus）。雖然乍看之下，完全無法想像其中的滋味，舖在底部薄薄的塔皮，與杏仁粉、砂糖、雞蛋製作的奶油餡一起烘烤而已，實際上是個單純的塔。表面裝飾散發著橙花水香氣的白色糖衣，在當地會像刺繡般細細擠出花紋，當然必須要有熟練的技巧。看起來會擔心太甜，但享用時充滿著檸檬和杏仁的風味，加上橙花水的香氣撲鼻，是滋味非常優雅的甜點。家庭中製作時，可能難以像刺繡般劃出裝飾，所以用糖衣覆蓋，再裝飾上銀色糖珠。

◆◆◆◆◆◆◆◆◆◆◆◆◆◆◆◆◆◆◆◆◆◆◆◆◆◆◆◆

婚禮杏仁塔（直徑 7cm 圓模 / 24 個）

材料

塔麵團
- 低筋麵粉 ⋯⋯250g
- 豬脂 ⋯⋯50g
- 細砂糖 ⋯⋯50g
- 溫水 ⋯⋯50g

內餡
- 細砂糖 ⋯⋯60g ＋ 65g
- 蛋黃 ⋯⋯4 個
- 蛋白 ⋯⋯4 個
- 杏仁粉 ⋯⋯125g
- 泡打粉 ⋯⋯6g
- 檸檬皮 ⋯⋯1 個

糖衣
- 糖粉 ⋯⋯125g
- 蛋白 ⋯⋯15g
- 橙花水 ⋯⋯數滴

銀色糖珠（裝飾用）⋯⋯ 適量

製作方法

1　製作麵團。在缽盆中放入低筋麵粉、細砂糖、豬脂，用手指揉搓般混合。加入用量的溫水揉和，至麵團滑順後，用保鮮膜包覆，置於冷藏室靜置 1 小時。

2　取出放在工作檯上，用擀麵棍擀壓成極薄的麵皮，切成直徑 10cm 的圓形共 24 片。舖放至刷塗奶油並撒有低筋麵粉（各用量外）的模型中，用刀子切去邊緣多餘的麵團。

3　製作內餡。在缽盆中放入蛋黃、細砂糖 60g，用攪拌器混拌，至濃稠後加入檸檬皮混拌。加入杏仁粉、泡打粉、用橡皮刮刀充分混拌至全體融合。

4　在另外的缽盆中，放入蛋白，分數次加入 65g 的細砂糖，邊加入細砂糖邊攪打成 8 分打發的蛋白霜。

5　將 4 的蛋白霜分 2 次倒入 3 中，每次加入都避免破壞氣泡地輕輕混拌。倒入 2 的模型至 7 分滿，以 170℃預熱的烤箱烘烤約 20 分鐘，冷卻。

6　將糖衣的材料放入缽盆中充分混拌，大量塗抹在 5 上，再裝飾銀色糖珠。

稜角起司塔

PARDULAS

塔皮也用手成形的稜角起司塔

◆ ◆ ◆ ◆ ◆ ◆ ◆ ◆ ◆ ◆ ◆ ◆ ◆ ◆ ◆ ◆ ◆ ◆

種類：塔派、蛋糕　●　場合：家庭糕點、糕點店、節慶糕點
構成：杜蘭小麥粉＋麵粉基底的塔麵團＋瑞可達起司餡

信步在撒丁尼亞島，在市場或糕點店，都能看見稜角起司塔（Pardulas）。問了長時間在島上工作的朋友，才知道這是島上非常熱愛的甜點之一。

將杜蘭小麥粉麵團（→P225）擀成圓形薄片，正中央擺放用檸檬和柳橙皮增添風味的瑞可達起司餡，用手將麵皮外側的幾處捏起做出塔的形狀，烘烤而成的起司塔。雖然簡單，但試作時，才發現用手抓捏麵皮成形需要技巧。杜蘭小麥粉麵團也用在婚禮酥皮糕點（→P216）上，但油炸後會呈現酥脆，烘烤則是硬脆的薄煎餅口感。

稜角起司塔（Pardulas）從薩丁尼亞首府的卡尼亞里（Cagliari）到奧里斯塔諾（Oristano）的西南部，都叫這個名字。語源是從拉丁語的「quadrula」所衍生的「pardula」，是「有稜角的」的意思。西北側上方的薩薩里（Sassari）則稱為「formaggella」，另外也被稱作「ricottelle」。東北方是盛行羊隻放牧的巴爾巴吉亞（Barbàgia），此地的內餡用的不是瑞可達起司而是新鮮山羊起司，被稱為 Casadinas，這個名字由拉丁文的起司「caseus」而來，此地也有加入薄荷和義大利平葉巴西里製成不甜的口味。

雖然是大家喜愛，整年都有的起司塔，但原本是用來慶祝復活節的甜點，在復活節前的週六製作出大的稜角起司塔，復活節當天的中午，大家一起祈祝耶穌基督復活時享用。

◆ ◆ ◆ ◆ ◆ ◆ ◆ ◆ ◆ ◆ ◆ ◆ ◆ ◆ ◆ ◆ ◆ ◆

稜角起司塔（10 個）

材料

杜蘭小麥粉（Semolino）…… 100g
豬脂 …… 15g
鹽 …… 1 小撮
溫水 …… 40 ～ 50ml
內餡
┌ 瑞可達起司 …… 250g
│ 細砂糖 …… 50g
│ 杜蘭小麥粉 …… 30g
│ 蛋黃 …… 1 個
│ 檸檬皮 …… 1/2 個
│ 柳橙皮 …… 1/2 個
└ 番紅花粉 …… 少量

製作方法

1 在缽盆中放入杜蘭小麥粉、鹽、豬脂，用手指揉搓般混合。邊視麵團硬度邊和添加溫水，揉和麵團，用保鮮膜包覆，置於冷藏室靜置 1 小時。

2 製作內餡。在缽盆中放入瑞可達起司和細砂糖，用攪拌器充分混拌，加入其他材料，混拌至全體成為滑順狀態。

3 取出 1 的麵團放在撒有手粉的工作檯上，用擀麵棍擀壓成薄的麵皮，用直徑 10cm 的圓形切模切出 10 片。將分成 10 等份的 2 放在每片麵皮中央，用湯匙推開塗抹至距邊緣約 1cm 處。將麵皮邊緣用手指抓捏出稜角狀，做成能將內餡包起的塔狀容器。

4 以 170℃ 預熱的烤箱烘烤約 20 分鐘。

葡萄乾脆餅

PAPASSINOS

滿滿葡萄乾的酥脆餅乾

- 種類：餅乾　　● 場合：家庭糕點、糕點店、節慶糕點
- 構成：低筋麵粉基底的麵團＋葡萄乾＋堅果＋蛋白霜

　　在 11 月 1 日「諸聖節」（→P99）時製作，表面包覆著糖衣和彩色巧克力米的菱形餅乾。在撒丁尼亞島旅行時，常會聽見不太熟悉的語言。這個島上的話與其說是方言，不如說是不同國家的語言一般，糕點的名稱也像暗號一樣。被稱為 Pabassini 的這款餅乾，是義大利其他地方沒有聽過的。這個名字，據說是從薩丁尼亞方言中，意為葡萄乾的「papassa」而來。在 11 月 1 日製作，或許和葡萄乾完成的時間有關吧。

　　實際上試著作作看，發現葡萄乾多到不太容易切開，麵團中使用了豬脂，所以餅乾有酥鬆的口感，整個薩丁尼亞島都看得到，因此也同時有很多搭配變化。本書中，使用柳橙皮和檸檬皮的香氣，但也有些地方添加的是肉桂、香草、茴香籽等。

首府卡尼亞里（Cagliari），聖貝尼迪托（San Benedetto）市場看到的葡萄乾脆餅。

葡萄乾脆餅（10 個）

材料

麵團
- 低筋麵粉 ……250g
- 細砂糖 ……100g
- 豬脂 ……100g
- 全蛋 ……1 個
- 牛奶 ……40ml
- 泡打粉（或碳酸氫銨）……6g

A
- 葡萄乾 ……75g
- 去皮杏仁果 ……50g
- 核桃（粗粒）……50g
- 柳橙皮 ……1 個
- 檸檬皮 ……1/4 個

蛋白 ……1 個
糖粉 ……80g
彩色巧克力米（裝飾用）…… 適量

製作方法

1　將 A 的葡萄乾浸泡至溫水（用量外）中還原，擰乾水分，以 180℃烘烤的杏仁果切成粗粒。

2　在缽盆中放入所有的麵團材料揉和，至滑順後放入 A，待全體揉和均勻後，包好置於冷藏室靜置 1 小時。

3　取出麵團放在工作檯上，用擀麵棍擀壓成 1cm 厚，切成邊長 3cm 的菱形。排放在舖有烤盤紙的烤盤上，以 170℃預熱的烤箱烘烤 15 分鐘，放涼。

4　在缽盆中放入蛋白，少量逐次地加入糖粉並用攪拌器攪打至尖角直立，製作具有光澤的蛋白霜。塗抹在 3 的表面，裝飾上彩色巧克力米，放入 50℃預熱的烤箱烘烤約 20 分鐘，至表面烘乾。

婚禮酥皮糕點

CASCHETTAS

仿白玫瑰的婚禮糕點

- 種類：烘烤糕點　　　● 場合：家庭糕點、糕點店、節慶糕點
- 構成：杜蘭小麥粉基底的麵團＋濃縮葡萄汁基底的內餡

　　薩丁尼亞島卡尼亞里（Cagliari）的聖貝尼迪托（San Benedetto）市場，可以看到薄薄的餅皮好像包覆著內餡，又像是渦旋狀般的甜點。到底是什麼東西呢？這個印象一直留在我的心中，這款甜點，正是婚禮酥皮糕點（Caschettas）。結束旅程後，查資料研究才發現是從巴爾巴吉亞（Barbàgia）的貝爾夫伊（Belvi）傳來，又名「Dolce della sposa」，是結婚典禮時，由新娘送給賓客或宴請賓客時所用的甜點。

　　將杜蘭小麥粉和豬脂製作的麵團，擀壓成薄薄地，包捲用杏仁果和濃縮葡萄汁（→P227）或是蜂蜜製作的內餡。貝爾夫伊是

榛果的產地，因此也會使用榛果，其他地方則使用杏仁果。以白玫瑰的意象捲起來，但要做出像薩丁尼亞島上看到，那麼美麗的形狀，是需要純熟技巧的。除了玫瑰形狀之外，還有馬蹄鐵（在義大利會帶來幸運的象徵）、心形等各式各樣的形狀。

　　說起來炸起司餃（Seadas→P216）、稜角起司塔（Pardulas→P210）也是巴爾巴吉亞的糕點。就足以體會這片山中的土地，蘊藏了多少豐美的食材。薩丁尼亞的海美得驚人，是以渡假勝地聞名的海岸城市，來體驗巴爾巴吉亞的美食文化，也會是個快樂的旅程。

婚禮酥皮糕點（12個）

材料

麵團
- 杜蘭小麥粉（Semolino）……250g
- 豬脂……50g
- 鹽……1小撮
- 溫水……50ml

內餡
- 濃縮葡萄汁（或蜂蜜）……200ml
- 杜蘭小麥粉……40g
- 去皮杏仁果……60g
- 可可粉……10g
- 柳橙皮……1/2個

彩色巧克力米（裝飾用）……少量

製作方法

1. 在製作內餡。在鍋中放入濃縮葡萄汁以小火加熱，沸騰後加入其餘的材料。不斷地混拌，至整合成團能從鍋底剝離時，離火，直接放置冷卻。取出至工作檯上，搓揉成5mm的圓柱狀。
2. 製作麵團。缽盆中放入杜蘭小麥粉、鹽、豬脂，用手指揉搓般混合，加入用量的溫水，揉和麵團，用保鮮膜包覆，置於冷藏室靜置1小時。
3. 取出2的麵團放在工作檯上，用擀麵棍擀壓成薄薄的麵皮，以波浪型滾輪切麵刀切出寬5cm、長30cm的帶狀，共12片。在中央處擺放等份成12份的1，二側長邊對半折疊（不需太用力捏合），撒上彩色巧克力米。每間隔3cm用手指抓捏，再由一端開始捲起。
4. 排放在鋪有烤盤紙的烤盤上，以170℃預熱的烤箱烘烤約15～20分鐘。

炸起司餃
SEADAS

包了義大利綿羊起司的炸麵餃

◆ 種類：油炸點心　●場合：家庭糕點、咖啡吧・餐廳
◆ 構成：杜蘭小麥粉基底的麵團＋瑞可達起司＋蜂蜜

包了綿羊起司油炸後，澆淋大量蜂蜜像是甜點般的麵餃。

雖然以 Seadas 的名字為人所熟知，但其實正確來說應該叫「Seadas」。是拉丁語「Sebum」、或是撒丁尼亞方言「Seu」，脂肪的意思，所以也出現在西班牙統治時代，源自西班牙語的說法。無論如何，現在已經成為撒丁尼亞的代表性糕點，原本是為了給在島上內陸盛行羊隻放牧，巴爾巴吉亞地區努奧羅（Nuoro）的牧羊人，補充營養的食物。

炸起司餃使用的是羊奶起司，而且是剛製作完成數日的新鮮起司。麵團是撒丁尼亞經常使用，以杜蘭小麥粉和豬脂製作的杜蘭小麥粉麵團（→P225）。酥鬆的口感是以豬脂或橄欖油油炸所產生，但現在為了健康取向，也有很多人改用沙拉油。傳統上，會澆淋略帶苦味的梅樹蜂蜜。

包入瑞可達起司的甜點很多，但使用綿羊起司的甜點很少，入口的鹹味與蜂蜜的搭配令人食慾大增。油炸起鍋熱騰騰的起司餃，慷慨地澆淋上大量蜂蜜享用。

綿羊起司（Pecorino），熟成 10 天左右的 Primo Sale（→P228）在日本很容易購得。

炸起司餃（直徑 8cm 的圓模 / 8 個）

材料
杜蘭小麥粉（Semolino）……125g
豬脂……12g
水約……50ml
綿羊起司（Pecorino）……150g
檸檬皮……1/2 個
沙拉油（油炸用）……適量
蜂蜜（完成時使用）……適量

製作方法
1　在缽盆中放入杜蘭小麥粉和豬脂，用手指揉搓般混合。加入用量的水揉和，麵團滑順後，用保鮮膜包覆，置於冷藏室靜置 1 小時。
2　薄薄地切下綿羊起司。放入平底鍋中以小火融化，移至方型淺盤中冷卻，分成 8 等份。
3　取出 1 半量的麵團放在工作檯上，用擀麵棍擀壓成麵皮。在一側間隔擺放 4 份的 2，起司上撒些檸檬皮，覆蓋另一側麵皮，以放有起司的位置為中心，壓切成 8cm 的圓型，其餘的麵團也薄薄地擀成相同大小，同樣包上起司。
4　以 170℃的熱油炸至兩面金黃，瀝乾盛盤，澆淋蜂蜜。

來自國外的糕點

北有法國、瑞士、奧地利，東有斯洛維尼亞，
南是非洲，今日與多個國家相鄰的義大利，
因地理上、歷史上的背景，有許多外國傳進來的糕點。

波蘭

法國

瑞士

奧地利

特倫提諾－上阿迪傑
（南提洛）

斯洛維尼亞

皮埃蒙特

義大利

佛里烏利－
威尼斯朱利亞

地中海

坎帕尼亞

西西里

來自奧地利

／特倫提諾－上阿迪傑（南提洛）、
佛里烏利－威尼斯朱利亞

※斯洛維尼亞＝過去屬於奧地利領土

　　特倫提諾－上阿迪傑（南提洛）和佛里烏
利－威尼斯朱利亞，是義大利與奧地利國
境相鄰的兩個大區。在奧地利哈布斯堡王
朝（Habsburg）統治下，繁榮興盛更擴大了
領土，也有豐富多樣的糕點文化。這兩個大
區在奧地利長期統治下，在飲食文化上也留
下很深的影響。特別是被稱作南提洛的特倫
提諾－上阿迪傑，比1861年義大利統一更
晚了85年，至1946年才併入義大利，即
使現在，使用奧地利官方語言德語的人仍很
多，許多很少聽到的糕點名稱，也直接使用
德語。

（左上起橫向）果餡卷（→P82）、珍稀果乾蛋糕
（→P78）、甜餡炸麵包（→P86）、普列斯尼茲卷
（→P94）。在這些地區，不僅是糕點，悠閒地坐下享
受咖啡的文化，也來自奧地利。

來自瑞士、法國

/ 皮埃蒙特、坎帕尼亞（拿坡里）

　　以阿爾卑斯山脈與法國和瑞士相鄰的皮埃蒙特，從十五世紀開始由薩伏伊王朝統治，隨著宮廷文化的繁榮，有許多糕點是衛薩伏伊王朝之命而創作出來。十八世紀一度成了法國的衛星國，深深受到當時飲食文化已經開花結果的法國影響。另一方面，坎帕尼亞的知名糕點巴巴（Baba），雖然是十九世紀拿坡里在法國統治下才傳入，但實際上起源於波蘭。十八世紀時，法國與波蘭二國皇室因締結婚姻，因而帶進法國。義大利糕點，有因文化融合傳入，也有因歷史而傳進來。

（左上起橫向）貓舌餅（→P20）、蛋白餅（→P21）、巴巴（→P154）。十六世紀義大利的梅迪奇家族，遠嫁法國時將糕點文化帶出去，之後隨著法國的發展，又反向傳回義大利。

來自阿拉伯

/ 西西里

　　位於義大利南方的大島西西里，位於歐洲與阿拉伯世界交界處。因位於地中海正中央，也是各民族覬覦的地中海貿易據點，受統治的西西里因而傳入了多樣化的飲食文化，其中影響最大的是九世紀時的阿拉伯。砂糖、柑橘類、香料等許多用於糕點上的食材，較義大利本土更早，就傳入西西里，當時較先進的阿拉伯，糕點製作技術也同時傳入，因此很早就開出了糕點文化的花朵，包括：西西里卡薩塔蛋糕（Cassata Siciliana）般隨著時代進化的糕點，也有像香脆杏仁糖（Torrone）般，依照當時的樣貌傳承下來。

（左上起橫向）西西里卡薩塔蛋糕（→P196）、冰沙（→P199）、香脆杏仁糖（→P207）、修道院水果（→P204）。阿拉伯的節慶糕點大多會用繽紛的色彩，鮮艷熱鬧。本書中還有檸檬凍（→P198）、杏仁牛奶白布丁（→P201）。

義大利的國民美食 Gelato

　　提到義大利想到的就是 Gelato（義式冰淇淋）！街角也常見到穿著西裝，拿著大型 Gelato 的紳士身影。從小孩到大人不分男女，深受義大利國民喜愛的 Gelato，到底起源於何處呢？有人說是西西里，有人說是佛羅倫斯。可能二個都正確，可是又不完全正確。

　　Gelato 起源的冰沙（→P199），是九世紀時由阿拉伯人帶進來，最早出現在義大利的冰涼點心，十六世紀佛羅倫斯（→P115）有了冷凍技術，但是出現像現在乳霜般的 Gelato，則是在更後面 1600 年後半了。西西里的糕點師創作出一邊冷凍一邊攪拌使其飽含空氣，又能產生柔軟口感的方法，聲名遠播後前往巴黎開設咖啡館。無庸置疑，因為義大利與時俱進地革新各種技術，才創作出 Gelato。

　　口味上，從巧克力、榛果、咖啡等添加鮮奶油的濃郁種類，到檸檬、莓果等清爽類型，喜好南轅北轍，但在冰淇淋店（Gelateria），只要說「Con panna ＝也要鮮奶油」，就會免費地在高高的 Gelato 上增加大量鮮奶油。選擇 cono（甜筒）、coppa（杯子）和日本相同，但在西西里的冰淇淋店（Gelateria）還有另一個選擇。像拳頭般大小的麵包、布里歐。可選二種喜歡的口味夾入，製成義式冰淇淋漢堡。這樣的份量，真的很驚人！據說原本布里歐起源於諾曼第王朝，但在夏季炎熱的西西里，實在是沒有食慾，因此會將布里歐浸泡在冰沙（Granita）中食用。據說出現 Gelato 之後，就改為夾入 Gelato 了。

　　在有點餓、想休息、與朋友小聊時 …，無論何時都來一點 Gelato，就是凡事隨心義大利的生活精髓。

開心果的 Gelato。布里歐很清爽蓬鬆，Gelato 滲入鬆軟的麵包體，更加美味。

濃郁類和清爽類，店內陳列各種風味。光是巧克力就有好幾種，挑選也是樂趣之一。

義大利人的咖啡吧文化與嗜甜早餐

　　曾去義大利旅行的人，一定看過早上咖啡吧聚集著人潮的景象。義大利人的一天就是從咖啡吧開始。但義大利並沒有坐著悠閒享用的習慣，都是迅速用餐後趕去上班，平均停留時間大約是 5 分鐘吧。

　　義大利人，都喜歡咖啡吧。「不一起喝杯咖啡嗎？」輕鬆地邀約，一起在吧檯站著喝下濃縮咖啡，稍微說一下話，就走了。午餐的輕食、晚餐的餐前酒（Aperitivo），咖啡吧會因時間而發揮不同的作用，自己喜歡的咖啡吧，可能一天要去好幾次。朋友就曾說「咖啡吧就像是我外面的家」，人與人之間社交的咖啡吧，是義大利人生活中重要的存在。

　　那麼，義大利人的早餐，會吃些什麼呢？對於印象中義大利人的大食量，在咖啡吧看到的輕食早餐，會相當驚呀吧！常見卡布其諾和牛角麵包 cornetto（有些地方是布里歐）的搭配。牛角麵包可以抹上橙皮果醬（marmellata）或卡士達奶油餡等，其他還有瑞可達起司、榛果巧克力醬、開心果奶油醬等，是早餐的選擇樂趣之一。甜餡炸麵包（→P86）也是早餐的人氣選擇，這款麵包實際拿在手上會發現意外的大且沈重，而且紮實的甜。所以雖然看似輕食的義大利早餐，但實際上卡路里十分充足。另一方面，在家吃的早餐，是用法式濾壓壺（Caffettiera）沖泡濃縮咖啡，再加入溫熱的牛奶做成咖啡拿鐵，搭配喜歡的脆餅或稱為 Fette Biscottate（rusk 烤得乾乾的）的脆硬麵包，可以塗抹楓糖或 Nutella（榛果巧克力醬），浸泡在咖啡拿鐵中享用，當然一定塗得滿滿的。

　　一早就元氣十足的義大利人，或許精力的秘訣就在於如此甜蜜的早餐吧。

各式種類的牛角麵包和甜麵包。牛角麵包與酥鬆的可頌不同，層次較少更像麵包。

早餐必定是卡布其諾。綿柔的泡沫能留到最後，就是美味的證明。

擠滿上班族的早餐咖啡吧。一旦開始等候，立刻就會有人讓出位子，不愧是義大利紳士。

基本食譜

海綿蛋糕麵糊
PAN DI SPAGNA

　　原本的海綿蛋糕麵糊是蛋黃和蛋白分別攪打的分蛋打發法，但本書為了能做為大部分糕點的基本蛋糕體，而使用了全蛋打發法。藉由添加太白粉呈現出輕盈感，也成為更容易吸收糖漿的蛋糕體。

材料（350g用量、直徑20cm的圓模／1個）
雞蛋（回復常溫）……4個
細砂糖……120g
低筋麵粉……80g
太白粉……40g

製作方法
1　在缽盆中放入雞蛋，細砂糖分數次加入，邊加入邊用手持電動攪拌機攪打。
2　攪拌至產生濃稠後，加入全部混合並完成過篩的低筋麵粉和太白粉，用橡皮刮刀充分混拌至滑順。
3　倒入舖有烤盤紙的模型中，以180℃預熱的烤箱烘烤20～25分鐘。

本書中使用的糕點
小鳥玉米蛋糕（Polenta e Osei）→P46
圓頂半凍糕（Zuccotto）→P114
英式甜湯（Zuppz Inglese）→P117
西西里卡薩塔蛋糕（Cassata Siciliana）
→P196

塔麵團
PASTA FROLLA

　　回復常溫的奶油中，依序加入砂糖、雞蛋和粉類揉和，製作的手法很基本，在義大利，為了能呈現更加酥鬆的口感，大多會先將冰冷的奶油和粉類一起搓揉混合。 同樣份量時，使用前者的方法製作，會成為較濕潤的塔皮。

材料（500g）
低筋麵粉……250g
糖粉（或細砂糖）……100g
奶油（切成1cm塊狀冷藏）……125g
蛋黃……2個

製作方法
1　在缽盆中放入低筋麵粉、切成1cm塊狀冷藏的奶油。 避免奶油融化地用指尖迅速地搓揉混合。
2　加入糖粉，用指尖輕輕混拌，加入蛋黃，將材料整合成團。
3　包覆保鮮膜放入冷藏室靜置1小時。

＊ 可在冷藏室保存 3 ～ 4 天，冷凍室保存 1 個月。
　 冷凍時，置於冷藏室自然解凍後輕輕揉和，即可使用。

本書中使用的糕點
鳥巢麵塔（Torta di Tagliatelle）→P56
小麥起司塔（Pastiera）→P148

ARTICOLO

PAN DI SPAGNA與PASTA GENOVESE的差別

義大利主要的兩種海綿蛋糕麵糊，上面介紹的 PAN DI SPAGNA 直譯是「西班牙麵包」的意思，是由熱內亞糕點師為西班牙皇家所製作而來。蛋黃和蛋白分別打發，不添加奶油，所以完成時口感輕盈、略為乾燥。另一種 PASTA GENOVESE 的意思是「熱內亞」，熱內亞的糕點師用全蛋打發，加入融化奶油製作，因此命名，口感潤澤且蛋糕體的風味極好。本書中介紹的大多是取兩者的優點，混合製作，傳統的糕點店大部分會依照糕點的種類來區分製作。

泡芙麵團
PASTA BIGNE'

　用烤箱烘烤可以吃得出輕盈口感，油炸則可品嚐鬆軟的口感，也叫Pasta choux。很接近日本的鮮奶油泡芙，可以填入各式奶油餡的Bigne（迷你泡芙）是1970～80年代後的經典。

材料（約700g）
奶油……100g
鹽……2g
細砂糖……5g
水……250g
低筋麵粉……150g
雞蛋……4～5個

製作方法
1　在鍋中放入奶油、鹽、細砂糖、用量的水，以中火加熱使奶油溶化。
2　離火後，加入全部的低筋麵粉，用橡皮刮刀充分混拌，整合成團。
3　再次用中火加熱，用橡皮刮刀持續混拌，將麵團水分蒸發至鍋底產生白色薄膜後移至另一個缽盆中。
4　一次一個地逐次加入雞蛋，每次加入後都用橡皮刮刀充分混拌至融合。

本書中使用的糕點
聖約瑟夫泡芙（Zeppole di San Giuseppe）
→P153
聖約瑟夫炸泡芙（Sfincia di San Giuseppe）
→P188

卡士達奶油餡
CREMA PASTICCERA

　作為各式新鮮糕點的基礎奶油餡。在加熱至冒出氣泡後立即移至方型淺盤，使其冷卻，或是繼續加熱至變成略硬的奶油餡，可以依用途來調整軟硬度。義大利人喜歡後者較多。

材料（約350g）
蛋黃……40g
細砂糖……50g
低筋麵粉……20g
牛奶……250ml
檸檬皮……1/4個

製作方法
1　在鍋中放入牛奶、檸檬皮，加熱至即將沸騰。
2　在另外的鍋中放入蛋黃和細砂糖，用攪拌器混拌至顏色發白，邊加入低筋麵粉邊混拌至融合。
3　取出1的檸檬皮，少量逐次地加入2當中，一邊用攪拌器混拌。
4　倒回3的鍋中用小火加熱，持續以攪拌器混拌。待鍋底冒出氣泡，表面呈現光澤時，離火，倒入方型淺盤中放至冷卻。不立刻使用時，用保鮮膜緊貼著奶油餡表面包好，保存於冷藏室。

＊可在冷藏室保存約2天。使用時以橡皮刮刀混拌後使用。

本書中使用的糕點
英式甜湯（Zuppz Inglese）→P117
聖約瑟夫泡芙（Zeppole di San Giuseppe）
→P153
萊切塞小塔（Pasticciotto Leccese）
→P160
修女的乳房（Tette delle Monache）
→P166

瑞可達起司餡
CREMA DI RICOTTA

　　在義大利，為了消除羊羶味，會添加40～50%的細砂糖在瑞可達起司中，所以甜味十足。日本的瑞可達起司使用牛奶，沒有羊羶味，因此本書中將細砂糖的用量減少20%。

材料（240g）
瑞可達起司……200g
細砂糖……40g

製作方法
1　過濾瑞可達起司至鉢盆中。
2　加入細砂糖，用攪拌器混拌至呈光滑狀。

本書中使用的糕點
栗粉可麗餅（Necci）→P116
酥粒塔（Sbriciolata）→P176
聖約瑟夫炸泡芙（Sfincia di San Giuseppe）→P188
卡諾里（Cannoli）→P190
潘泰萊里亞之吻（Baci di Pantelleria）→P192
西西里卡薩塔蛋糕（Cassata Siciliana）→P196
硬質小麥甜粥（Cuccia）→P200

杏仁膏
PASTA DI MANDORLA/ MARZAPANE

　　傳統的杏仁膏是用來幫助糕點的保存，但近來用在新鮮糕點時，大多會使用簡略版的配方。用於不加熱的新鮮糕點時，為了呈現滑順狀態，會使用糖粉而非糖漿。

A 新鮮糕點用
材料（約250g）
杏仁粉……125g　　蛋白……30g
糖粉……125g　　苦杏仁精……3滴左右

製作方法
1　將杏仁粉和糖粉放入食物調理機中攪打成細粉。
2　少量逐次加入蛋白並啓動食物調理機攪打，待全部材料整合成團後，加入杏仁精揉和。

＊可於冷藏室保存一週

本書中使用的糕點
小鳥玉米蛋糕（Polenta e Osei）→P46
西西里卡薩塔蛋糕（Cassata Siciliana）→P196

B 常溫糕點用
材料（約500g）
杏仁粉……250g　　苦杏仁精……1滴左右
細砂糖……250g　　糖粉……適量
水……65ml

製作方法
1　將杏仁粉放入食物調理機中攪打成細粉。
2　在鍋中放入細砂糖、用量的水，以中火加熱至210℃。
3　加入1並用橡皮刮刀充分混拌。待整合成團後，取出至撒有大量糖粉的工作檯上，加入杏仁精用橡皮刮刀揉和。
4　待降溫至可觸摸時，改用手揉和至冷卻。

＊常溫可於保存一個月

本書中使用的糕點
修道院水果（Frutta Martorana）→P204
復活節羔羊（Agnello Pasquale）→P206

關於其他麵團與奶油餡

折疊麵團
PASTA SFOGLIA

低筋麵粉和水揉和的麵團，包覆奶油重覆幾次折疊，製作成有薄薄層次的麵團。也叫折疊派皮、派皮麵團。Sfoglia 的意思是「薄的」，是義大利糕點中常用的基本麵團之一，但製作時間長，家庭廚房少作。常用在包夾奶油的千層派（Mille foglie），或在麵團上放蘋果等水果後烘烤的塔。

本書中使用的糕點
普列斯尼茲卷（Presniz）→ P94

杜蘭小麥粉麵團
PASTA VIOLADA

用手指將杜蘭小麥粉、豬脂揉搓般地混合後，用水整合而成的麵團。撒丁尼亞島大多會用橄欖油取代豬脂，成品也更輕盈。因為不添加糖份，所以不僅是糕點，也能用在料理上。基本材料雖然相同，但用於糕點製作時配方比例會略有差異。

本書中使用的糕點
稜角起司塔（Pardulas）→ P210
婚禮酥皮糕點（Caschettas）→ P214
炸起司餃（Seadas）→ P216

橄欖油麵團
PASTA MATTA

揉和低筋麵粉、橄欖油、水和鹽製作的麵團。Matta是「變異」的意思，因為與平常糕點用麵團不同，沒有添加奶油，因此命名。不添加砂糖，所以也能包捲火腿、起司來烘烤作為料理。果餡卷（Strudel）原本使用這種麵團，但本書為了使風味更好，添加了雞蛋。

本書中使用的糕點
果餡卷（Strudel）→ P82

奶油糖霜
CREMA AL BURRO

柔軟的奶油中添加糖粉，加入打發的蛋白霜。有時也會用添加糖漿的義大利蛋白霜來製作，有時也會不放蛋白霜地製作，有各種配方。也經常會加入巧克力或榛果巧克力醬使用，夾在海綿蛋糕中，或用於蛋糕的表面裝飾。

本書中使用的糕點
小鳥玉米蛋糕（Polenta e Osei）→ P46

卡士達鮮奶油餡
CREMA DIPLOMATICA

卡士達奶油餡中加入 8 分打發的鮮奶油，以等量比例混合而成的奶油餡。二者混合時，用攪拌器充分攪拌卡士達奶油餡，使其成為與鮮奶油相同硬度，較容易混拌。填入迷你泡芙 Bigne（→P223），或直接搭配脆餅，也能用在湯匙糕點上。夾入海綿蛋糕時，放入略多比例的卡士達奶油餡，略硬的奶油餡能保持形狀。雖然沒有運用在傳統糕點中，本書也不使用，但卻是現代糕點不可缺少的奶油餡。

關於材料

麵粉類

日本的麵粉，是以蛋白質含量由少至多，依序分為低筋麵粉、中筋麵粉、高筋麵粉，但義大利的麵粉區分與蛋白質含量無關，分為「軟質小麥」或「硬質小麥」。

軟質小麥

主要栽植於氣溫低、降雨量多且濕度高的北部，麥粒較柔軟。被運用在糕點、新鮮義大利麵、麵包，大部分配方都可使用。依所含灰分 * 可分為「00（>0.55%）」、「0（>0.65%）」、「1（>0.80%）」、「2（>0.95%）」、「integrale（全麥＝全麥麵粉≒ 1.7%）」。隨著灰分含量越多，粒子更為粗粒，蛋白質含量也隨之增加。日本的低筋麵粉相當於義大利的「00」，一般而言「00」主要用於糕點，「0」則大多使用在發酵點心或麵包。

＊灰分指的是小麥燃燒時殘留的灰量。小麥外側灰分含量越多，反之內側較少。外皮的胚芽部分也有較多的含量，富含灰分的粉類也略呈灰色。

硬質小麥

主要栽植於氣溫高、降雨量少且乾燥的南部。相較於軟質小麥，麥粒較為堅硬。在義大利，碾磨二次較細的稱為「semola rimacinata」，碾磨得略粗的則稱為「semolino」或「semola」。硬質小麥較一般流通使用的軟質小麥，蛋白質含量更多，顏色較黃。會使用在乾燥義大利麵、新鮮義大利麵、麵包，南義大利的傳統糕點也會使用。另外，在日本一般稱作「粗粒小麥粉」，是介於義大利 semola rimacinata（A）和 semolino 之間的麵粉。若想要更貼近當地風味，也能在專賣店或網路上選購 semola rimacinata。

瑪里托巴麵粉（Manitoba）B

以含有較多蛋白質的軟質小麥品種，製作而成的粉類，主要用於麵包。生產於加拿大瑪里托巴地區，在日本可作為高筋麵粉代用的麵粉。

玉米粉（cornmeal）

以製粉機碾碎乾燥的玉米而成，在日本是指粗粒玉米（Cornmeal）。在北部主要因為寒冷地區無法栽植小麥，因而盛行栽植耐寒的玉米。在倫巴底或威尼托，則頻繁使用在糕點上，因粒子較粗、加熱時間較長，能帶來粒狀Q彈的有趣口感。傳統上是碾磨成粗粒（C），但也有碾磨成略細（D）的成品。

蕎麥粉 E

栽植在貧瘠、不易栽植小麥的土地，像是倫巴底至特倫提諾－上阿迪傑（Trentino-Alto Adige）阿爾卑斯山麓的寒冷地方。近年來因為無麩質而受到矚目，在日本可用國產蕎麥粉取代。

栗子粉 F

在沿著皮埃蒙特至托斯卡尼南北走向的亞平寧山脈（Appennini）地區，經常使用栗子粉。採收的栗子除去表皮後乾燥，細碾製成的粉類，一到採收栗子的秋季就會開始出現在市場上，但因生產量少所以很快會售罄。栗子粉本身就帶著微微的甜味，使用栗子粉的糕點在加熱時，會產生獨特的黏糯口感。

杏仁粉 G・開心果粉 H

杏仁果產在南部（尤其是西西里島）、開心果採收自西西里島東部，特別是布龍泰（Bronte），各別去皮後碾磨成的粉類。杏仁粉在義大利全境都很常見。無法購得開心果時，也可以用食物調理機將剝除外殼的開心果攪打成細緻的粉狀使用。

麥類

在南義，很多時候硬質小麥不製成麵粉，而是直接水煮使用。硬質小麥需要很長的浸水時間約 3 天，因此在義大利可以在超市簡單地買到稱為「熟麥（grano cotto）」的煮熟小麥。在日本很難購買到硬質小麥的麥粒，因此可用喜歡的麥類，煮至柔軟來取代。

甜味材料

現在的糕點使用細砂糖、裝飾則使用糖粉。但自古傳承下來的糕點內餡，傳甜味大多使用蜂蜜或葡萄汁熬煮的濃縮葡萄汁（Vincotto 也稱作 mosto cotto、薩帕 Sapa）。蜂蜜全義大利都有產，但北部使用的是槐花蜜，南部使用的是橙花蜜，都沒有特殊氣味便於應用。

雞蛋

在義大利，必須依照飼育環境與尺寸將蛋分類標示。依飼育環境所作的分類有 4 種，「0」＝放養並在飼料中使用有機農作物、「1」＝放養、「2」＝屋內，大型養雞場的飼養、「3」＝在雞舍飼養。依尺寸的分類是「XL」＝ 73g 以上、「L」＝ 63g 以上、「M」＝ 53g 以上、「S」＝ 53g 以下。一般超市等流通的是 1 ～ 3 的 M ～ L 尺寸。本書中使用的是 M 尺寸。

牛奶、鮮奶油

義大利的牛奶，分成常溫中可保存 3 個月的「超高溫瞬間殺菌 UHT」保久型產品，或是保存期限為包裝後冷藏保存一週內的「高溫短時間殺菌 HTST」。各別依乳脂肪成分被分類為：3.5% 以上的全脂（intero）、1.5 ～ 1.8% 的 低 脂（parziarmente scremato）、0.5% 以下的脫脂（scremato）。冷藏保存的保存期限較短，一般家庭使用很多人喜歡可以常溫保存的保久型。另外，最近低脂雖然比較受家庭歡迎，但糕點店（Pasticceria）則使用全脂較多。超市等可以購得的鮮奶油，乳脂肪成分約是 35%。義大利乳糖不適症的人較多，因此除去乳糖的牛奶或鮮奶油（senza lattosio），也常態性地販售。

油脂

動物性油脂

義大利的奶油基本上無鹽，本書中使用的也是無鹽奶油。南部，也常將豬背脂（lard）用於糕點上。豬脂（strutto）是將豬背的脂肪先加熱融出後，再蒸發水分使其再次凝固，很容易就能在義大利的超市購得。使用豬脂可以增加酥脆口感很受歡迎，也會用於油炸時的炸油。

植物性油脂

用於糕點的植物性油脂是橄欖油，特別常用於南部地方。炸油傳統也會使用橄欖油，但現在為了使口感更加輕盈，也會使用花生油、玉米油、葵花油等。在日本也可用沙拉油代替。

水果

氣候溫暖的南部所栽植的檸檬、柳橙等柑橘類，在義大利全國廣為使用。大多會用砂糖糖煮水果，再加入磨碎的果皮以增添香氣。柑橘類在冬季收成，作成柑橘果醬 marmellata（marmalade）保存。而北方是蘋果、莓果類、杏桃等，當季採收直接使用，或製成果醬或糖煮水果，使用於冬季以外的季節。

糖煮水果、乾燥水果

柳橙、檸檬、香櫞（Cedro）、香瓜（Zucca 像瓜般的水果）、紅櫻桃等的糖煮水果，在耶誕節糕點中不可或缺。乾燥水果，經常使用的是葡萄和無花果，本書配方的「糖煮柳橙或檸檬」，雖然在日本可以購得與「糖煮柳橙（檸檬）皮」相同的產品，但在義大利是以塊狀販售。糖煮～皮也可以替換使用，但依各種糕點所需，切法也各異，因此本書統一成「糖煮～」。

起司類

瑞可達起司（Ricotta）A
用於糕點最具代表性的起司。Re（再次）、cotta（煮），正如其名指的是將起司製作後產生的乳清再次加熱，且添加凝固劑後浮出的物質。雖然便宜行事地將它分類在起司類，但其實正確來說它並非起司，而是起司的副產品。在南部因為阿拉伯人所引進的牧羊文化，而使用較多瑞可達羊乳起司，。

馬斯卡邦起司（Mascarpone）B
鮮奶油加熱後添加檸檬酸，使水分和脂肪分離製成。脂肪成分高、綿密滑順，常被用在提拉米蘇等新鮮糕點。

義大利羊奶起司（Pecorino）C
用羊（pecora）乳製作而成的起司，經常用於料理，但在義大利的中～南部也會用於糕點製作。慢慢熟成後也不會變硬的新鮮羊乳起司，在日本比較容易購得的是普利莫起司（Primo sale 熟成約 10 天）。磨成粉（D），可以使用熟成產品（熟成 6 個月以上），若是無法購得，也能用帕瑪森起司或格拉娜·帕達諾起司（Grana Padano）替代。

堅果類

杏仁果
堅果中使用頻率最高，常用於糕點的新鮮杏仁果分為帶皮（A）和去皮（B）兩種。無法購得去皮杏仁果時，可以將帶皮杏仁果浸泡熱水 20 分鐘左右，再去皮。本書食譜中的烘烤杏仁果，相較於購買市售烘烤杏仁果，自己用 180℃烤箱烘烤約 10 分鐘，更能完成風味十足的糕點。西西里產的杏仁果更是香氣足、風味濃郁。

榛果 C
義大利中、北部，特別是皮埃蒙特最常使用，在義大利皮埃蒙特產的品質最佳。本書的食譜中，使用的是去皮的新鮮榛果，烘烤時以 160℃烤約 10 分鐘，因含較多的油脂，所以要注意避免烤焦。

核桃 D‧松子 E‧開心果 F
義大利全境的丘陵地帶或山地都可採收，但開心果的主要產地在西西里。無論哪一種，用於糕點製作，都是以未烘烤的新鮮狀態來使用，本書用的是糕點材料行購得的產品。

澱粉（starch）

一般常見包括從玉米取得的玉米澱粉、馬鈴薯取得的太白粉（Frittelle di bianchetti），其特性各不相同，若少量也能夠相互代用，但用量較多時，可能會產生較大的口感差異。在南義，使用較多從小麥取得的澱粉（澄粉）＝小麥澱粉，凝固時可以嚐出黏稠的特有口感。無法購得小麥澱粉時，可用玉米澱粉代替。

膨脹劑、酵母

在糕點製作時，通常會使用泡打粉（義大利稱 lievito per dolci）。在南義，特別是義式脆餅，也經常使用稱為 Ammoniaca 的碳酸氫銨（Ammonium bicarbonate）。義大利的發酵糕點雖然使用啤酒酵母，但在日本可以用新鮮酵母來取代。

酒精

使用各式糕點發源地所生產的利口酒或葡萄酒。大多在北義使用渣釀白蘭地（Grappa）、中部是胭脂紅甜酒（Alchermes）、南義則是檸檬酒（Limoncello）。在葡萄酒的產地，會有很多使用當地葡萄酒的食譜，將土地的風味反映在糕點中。義大利全國經常使用的是瑪薩拉酒（Marsala）和蘭姆酒，其他使用的酒類還有阿瑪雷托（Amaretto）杏仁香甜酒、茴香酒（Anis）、慕斯卡托（Moscato d'Asti）微甜氣泡酒等。

香料

肉桂、丁香、肉荳蔻主要用在耶誕糕點，其他還有茴芹籽、茴香籽、芝麻、胡椒。可以感受到阿拉伯人曾經統治，與東方貿易盛行的義大利，使用香料的糕點很多。一般來說，因為香草莢很難購得且價格高昂，所以家庭經常使用香草粉或香草精，但糕點店大多會使用香草莢。

香精類

經常使用的是苦杏仁香精（Bitter almond essence）、香草精、橙花水。以橙花萃取的橙花水經常用在南義糕點中，但在日本的糕點材料店，則會以橙花香精等名稱來販售。

巧克力、可可粉

義大利使用稱為「Cioccolato fondente」的巧克力。偏好可可含量 70% 以上的產品。可可粉的義大利文是「Cacao in polvere」，使用的是無糖可可粉。

麵包粉

義大利有二種，以麵包表皮部分為主，確實乾燥後碾磨成細末的「Pan grattato」，以及用麵包內側柔軟部分碾成的（日本稱為新鮮麵包粉）「Mollica」。雖然用於糕點會以 Pan grattato 為主，但在日本可用新鮮麵包粉，以平底鍋略炒乾後，再以食物調理機碾磨成細末來替代。

裝飾

彩色巧克力米在南義節慶糕點裝飾上不可或缺。銀糖珠使用的頻率較少，但會用於製作婚禮的糕點。珍珠糖也被稱為鬆餅糖（Waffle sugar），在義大利是細長的形狀，可用日本販售的圓形珍珠糖替換。

食用色素

主要用於修道院水果的杏仁膏上。雖然有各式顏色的食用色素，但以紅、藍、黃 3 色，組合呈現想要製作的顏色即可。

義大利糕點用語

DOLCE / 甜點
泛指所有的「甜品」，糕餅的總稱。雖然在糕點上指的是「甜品」，但用在表現味覺的「甜味」時，也會使用「Dolce」。

DESSERT / 餐後點心
餐後食用的甜點。語源來自於法語「撤下餐食」意思的 desservir。在義大利餐後食用的水果並不能算是甜點，在吃過水果或堅果（核桃或榛果等）之後，還有食用其他甜點的習慣。也會在餐後飲用咖啡（濃縮咖啡）或餐後酒，但並不會飲用像卡布奇諾般添加乳製品的飲品。此外，咖啡或餐後酒也並非與甜點一起享用，而是在吃完甜點後，再呈上飲料。

BISCOTTI / 義式脆餅
Bis（二次）、Cotti（烘烤）的意思，嚴謹來說是指像托斯卡尼杏仁硬脆餅（→ P111）般烘烤二次的成品，但現在常用來總稱包括像餅乾般的小型烘烤點心，非二次烘烤的品項也包括在內。

TORTA / 蛋糕
雖然指的是全部的烘烤糕點，但基本上是圓形，使用奶油、砂糖、雞蛋為主要材料，並添加副材料烘烤而成的，就稱為 Torta。無論是否為 Torta 麵團，只要烘烤過、切成薄片包夾奶油餡，在日本就像蛋糕般的成品也包括在內。

CROSTATA / 塔
就是日本的「塔」。塔麵團上舖放果醬或柑橘果醬、奶油餡，表面再將擀壓成薄片、切成細條狀的麵皮，擺放成格狀後烘烤的成品。在義大利是家庭最常製作的經典糕點。

MIGNON / 迷你新鮮糕點
一口尺寸的小型新鮮糕點。過去糕點都烘烤成較大的形狀，但在 1960 年之後出現了迷你新鮮糕點，各式各樣種類的糕點都能少量逐一品嚐，受到熱烈歡迎，也攻佔了糕點店大部分的展示櫥窗。外帶時，可以在紙托盤（vassoio）上裝入喜歡的迷你新鮮糕點。

DOLCE AL FRONO / 烘烤糕點
「Frono」是烤箱的意思，也是烘烤糕點的總稱。過去是用麵包屋的柴窯烘烤而以此命名，現在的麵包店也與餅乾 Biscotti 等點心一起陳列。

DOLCI FRITTI / 炸麵團
油炸點心的總稱。嘉年華時在義大利各地會有各種油炸點心，這是為了在齋戒前多攝取養分。家庭糕點有較多的油炸點心，則是因為過去的烘烤點心必須使用柴薪，相較於此，油炸點心更方便製作。雖然過去炸油會使用橄欖油或豬油，但現今則多改以玉米油、葵花油等單一植物油。近期發現用花生油能炸出輕盈口感，也很受到歡迎。

GELATI E SORBETTI / 冰淇淋和雪酪
義式冰淇淋是添加牛奶、鮮奶油、雞蛋等油脂成分，利用機器等攪拌固定時間，使其飽含空氣製成，並以零下 15℃加以保存。另外雪酪（sherbet）則不添加油脂，用糖漿和水果為基底製作冷凍而成。為了防止過度堅硬，大多會添加像瑪薩拉酒（Marsala）等酒精濃度較高的葡萄酒。

SPUNTINO / 零嘴
MERENDA / 午後點心
Spuntino 是午後成人食用的零嘴。語源來自 spontaneo，「自發性的」意思，指的是自己有旺盛食慾，想吃的東西。另一方面 Merenda，是大人給小朋友預備的小點心，大多指的是已包裝好，可以在超市、糕餅或麵包店（Panificio）購得的甜麵包。

CIAMBELLA / 圈狀糕餅
中空像甜甜圈形狀的糕點。從小型脆餅至大型的烘烤糕點，各式種類。大型的糕點有時也被稱為 Torta 蛋糕。

RIPIENO / 內餡
指的是填充在材料中的內餡。內餡中會使用到麵粉、剩餘的硬脆餅、堅果等。每個地區都有使用當地製作（採收）的特產品，因此最能呈現該地的特色。

PASTICCERIA / 糕點店
糕點專賣店。語源來自有「麵團」意思的 Pasta、也稱為 Dolceria。在義大利有僅販售糕點的糕點店（Pasticceria），與附設酒吧的糕點咖啡吧（Bar Pasticceria）。其他專賣店還有冰淇淋店（冰淇淋 = Gelateria）、巧克力店（巧克力 = Cioccolateria）、可麗餅店（可麗餅 = Creperia）、糖果店（糖果、糖果屋 = Confetteria）

與糕點相關的義大利語一覽表

義大利文	讀音	中文
farina	[fa'rina]	麵粉
farina 00	[fa'rina ziro ziro]	低筋麵粉
semola rimacinata	[sé•mo•la ri•ma•ci•nà•ta]	細碾的杜蘭小麥粉
grano tenero	[grà•no tɛnero]	軟質小麥
grano duro	[grà•no duro]	硬質小麥
farro	[fàr•ro]	法羅小麥
farina di grano saraceno	[fa'rina di 'grano sa•ra•cè•no]	蕎麥粉
farina di castagne	[fa'rina di ca•stà•gno]	栗粉
farina di mais	[fa'rina di màis]	玉米粉
amido di mais	[à•mi•do di màis]	玉米澱粉
fecola di patate	[fè•co•la di pa•tà•ta]	太白粉
amido di grano	[à•mi•do di 'grano]	澄粉
lievito per dolci	[liè•vi•to pér dól•ce]	泡打粉
lievito di birra	[liè•vi•to di bìr•ra]	啤酒酵母
acqua	[àc•qua]	水
sale	[sà•le]	鹽
zucchero semolato	[zùc•che•ro se•mo•là•to]	細砂糖
zucchero a velo	[zùc•che•ro a vé•lo]	糖粉
miele	[miè•le]	蜂蜜
latte	[làt•te]	牛奶
panna	[pàn•na]	鮮奶油
burro	[bùr•ro]	奶油
olio d'oliva	[ò•lio d' o•lì• va]	橄欖油
olio di semi	[ò•lio di sé•me]	沙拉油
uova	[uò•vo]	雞蛋
ricotta	[ri•còt•ta]	瑞可達起司
mascarpone	[ma•scar•pó•ne]	馬斯卡邦起司
pecorino	[pe•co•rì•no]	佩克里諾羊奶起司
pecorino grattugiato	[pe•co•rì•no grat•tu•già•to]	佩克里諾羊奶起司絲

義大利文	讀音	中文
mandorla	[màn•dor•la]	杏仁果
noce	[nó•ce]	核桃
nocciola	[noc•ciò•la]	榛果
pinoli	[pì•no•li]	松子
pistacchio	[pi•stàc•chio]	開心果
marzapane	[mar•za•pà•ne]	杏仁膏
arancia	[a•ràn•cia]	柳橙
limone	[li•mó•ne]	檸檬
cedro	[cé•dro]	香櫞
cigliegia	[ci•liè•gia]	櫻桃
mela	[mé•la]	蘋果
uva secca	[ù•va séc•ca]	葡萄乾
fichi secchi	[fi-ki sek-ki]	乾燥無花果
frutta candita	[frùt•ta can•dì•to]	糖煮水果
cannella	[ca•nèl•la]	肉桂
chiodo di garofano	[chiò•do di ga•rò•fa•no]	丁香
noce moscata	[nó•ce mo•scà•to]	肉荳蔻
semi di anice	[semi di à•ni•ce]	大茴香
semi di finocchio	[semi di fi•nòc•chio]	茴香
alloro	[al•lò•ro]	月桂
zafferano	[zaf•fe•rà•no]	番紅花
sesamo	[sè•ʂa•me]	芝麻
pepe	[pé•pe]	胡椒
vaniglia	[va•nì•glia]	香草
essenza di fiori d'arancia	[es•sèn•za di fió•ri d'a•ràn•cia]	橙花水
essenza di mamdorla amara	[es•sèn•za di màn•dor•la a•mà•ro]	苦杏仁精
cioccolato	[cioc•co•là•to]	巧克力
cioccolata calda	[cioc•co•là•to cal•dà•ia]	熱巧克力
mollica di pane	[mol•lì•ca di pà•ne]	新鮮麵包粉
pangrattato	[pan•grat•tà•to]	細碾麵包粉

筆劃索引

字母索引

義大利糕點的歷史

古希臘 / 伊特魯里亞(Etruria)時代

出現了現今義式甜點(dolce)基礎的糕點

誕生於古希臘時代(西元前三十世紀～西元前一世紀),像麵包般作為「獻給神的祭品」,也更近似糕點。

西元前八世紀～西元前一世紀

- 無花果糕→P128
- 普利亞耶誕玫瑰脆餅→P167
- 皮塔卷(原型)→P168

古羅馬帝國時代

麵包與糕點有了區別,
也向上提升了糕點製作的技術

因為有了油炸點心的膨脹技術,一直是高級品的糕點也開始普及於一般庶民。

西元前736～西元前480年

- 油炸小脆餅→P45
- 酥炸小甜點→P72
- 馬里托奇奶油麵包→P136
- 法蘭酥→P158

阿拉伯人統治西西里的時代
(九世紀)

砂糖、香料、柑橘等傳到了西西里

因阿拉伯人傳入的嶄新食材,孕育了西西里新的糕點文化,也傳入了冰涼糕點的原型－冰沙(→P199)。

西元827～1130年

- 杏仁餅(原型)→P24
- 卡諾里→P190
- 西西里卡薩塔蛋糕(原型)→P196
- 檸檬凍→P198
- 杏仁牛奶白布丁→P201
- 香脆杏仁糖→P207

中世紀全盛期(十一～十三世紀)

修道院糕點的發展

因為基督教權力的增強,作為修道院節慶活動用的糕點也隨之盛行。藉由十字軍東征、東方貿易,使得香料和柑橘類也由東方傳入義大利全境。

十一世紀

- 卡尼斯脆莉→P30
- 杏仁甜餅→P110
- 嘉年華蛋糕→P142

十二世紀

- 西西里卡薩塔蛋糕成為現在的形狀
- 修道院水果→P204

十三世紀

- 香料蛋糕→P62
- 魚形脆餅→P67

文藝復興時代（十四～十五世紀）

因義大利貴族抬頭，
而孕育了華麗的宮廷糕點

梅迪奇家族＊、薩伏伊王朝＊與諸多外國王室交流時，用於晚宴餐會的宮廷點心。南提洛（特倫提諾－上阿迪傑 Trentino-Alto Adige）屬於奧地利哈布斯堡王朝（Habsburg）的管轄，所以傳承來自奧地利的糕點。

十四世紀
- 薩伏伊手指餅乾*2 → P22
- 北非小麥甜點 → P202

十五世紀
- 沙巴雍*2 → P22
- 小佛卡夏酥餅 → P38
- 米蛋糕 → P54
- 維琴蒂諾羅盤餅 → P68
- 麵包丸 → P88
- 渦旋麵包（1409年 → P92）

近代初期（十六～十九世紀前半）

使用可可的糕點登場，
砂糖也普及至一般大眾

十六世紀初，經由西班牙人發現新大陸的契機，可可傳了西西里、皮埃蒙特。在美洲大陸栽植成功的蔗糖，也推廣至一般大眾。

十六世紀
冷凍技術的誕生
- 瑪西戈特 → P42
- 潘帕帕托巧克力蛋糕 → P58
- 圓頂半凍糕*1 → P114
- 英式甜湯*1 → P117

十七世紀
產生現在Gelato的形態
咖啡自土耳其傳入威尼斯
- 巧克力布丁 → P24
- 珍稀果乾蛋糕 → P78
- 貝殼千層酥 → P146
- 巧克力牛肉餃 → P180

十八世紀～十九世紀前半
法國統治的義大利
- 蛋白餅 → P21
- 酥粒蛋糕 → P64
- 巴巴 → P154

近代（十九世紀後半）

因工業革命進而開始大量製造
正統的糕點店（Pasticceria）登場

1800年代的工業革命，利用機器開始大量生產。另一方面，正統製作糕點的小規模店舖，也開始研發獨創的糕點。

十九世紀
義大利統一（1861年）
- 1878年　魯蜜莉餅乾 → P19
- 1878年　天堂蛋糕 → P36
- 1878年　美味醜餅 → P53

現代（二十世紀～）

推出新式的糕點

迷你新鮮糕點（→ P230）登場，糕點師們不受限於傳統，競相展現創作糕點的本領。

二十世紀
- 1900年代　義式奶酪 → P26
- 1920年　卡布里蛋糕 → P144
- 1926年　巧克力杏仁蛋糕 → P156
- 1960年　玉米糕之愛 → P40
- 1978年　檸檬海綿蛋糕 → P150
- 1981年　提拉米蘇（九〇年代在日本蔚為風潮）→ P74

文藝復興時代
義大利貴族的興起
與糕點文化的進展

＊1：梅迪奇家族
文藝復興時期在佛羅倫斯的銀行家、政治家，從十五世紀開始興起。成為佛羅倫斯實質統治者，也是爾後成為托斯卡納大公國君主的家族。在1533年因與法蘭斯王國聯姻，而將糕點技術傳入法國。十六世紀中葉，其勢力到達顛峰，英式甜湯和圓頂半凍糕，也發源於此家族。

＊2：薩伏伊王朝
曾經橫跨統治皮埃蒙特、法蘭斯、瑞士薩瓦地區的家族。1861年義大利統一之後，成為皇室。薩伏伊手指餅乾、沙巴雍都起源於薩伏伊王朝。

參考文獻

『イタリア食文化の起源と流れ』／西村暢夫著 文流 2006年
L'Italia dei dolci／Slow Food Editore 2003年
L'Italia dei dolci／Touring Club Italiano 2004年
Viaggi del gusto／Editoriale DOMUS 2005年
La cucina del mediterraneo／Giuseppe Lorusso著 GIUNTI 2006年
Ricette di osterie d'Italia I dolci／Slow Food Editore 2007年
Guida ai sapori perduti／Marcella Croce著 Kalos 2008年
Atlante mondiale della gastronomia／Gilles Fumey, Olivier Etcheverria著 VALLARDI 2009年
Atlante dei prodotti regionali italian／Slow Food Editore 2015年
I segreti del chiostro／Maria Oliveri著 Il Genioeditore 2017年
La versione di KNAM／Ernst Knam著 GIUNTI 2017年

La Cucina Italiana   https://www.lacucinaitaliana.it/
Sorgente natura magazine   https://sorgentenatura.it/speciali/
AIFB   https://www.aifb.it/
Lorenzo Vinci Italian Gourmet   https://magazine.lorenzovinci.it/
Taccuini Gastrosofici.it   https://www.taccuinigastrosofici.it/ita/
La Repubblica   https://www.repubblica.it/
Turismo.it   https://www.turismo.it/
Gambero Rosso   https://www.gamberorosso.it/
Dissapore   https://www.dissapore.com/
Giallo Zafferano   https://www.giallozafferano.it/
Slow Food   https://www.fondazioneslowfood.com/it/
Prelibata   http://blog.prelibata.com/
Il Cucchiaio d'Argento   https://www.cucchiaio.it/
Agro Dolce   https://www.agrodolce.it/
Tavolartegust   https://www.tavolartegusto.it/
CookAround   https://www.cookaround.com/
Storico.org   http://www.storico.org/index.html
Citta di Perugia Turismo e Cultura   http://turismo.comune.perugia.it/
Friuli Tipico   http://www.friulitipico.org/prt/
Camerà di Commercio Bergamo   https://www.bg.camcom.it/
Turismo italia news   http://www.turismoitalianews.it/index.php
Accademia del Tiramisù   https://www.accademiadeltiramisu.com/
Festa del Cioccolato   https://www.eurochocolate.net/
AIDEPI   http://www.aidepi.it/
Reggio Emilia Città del tricolore   https://turismo.comune.re.it/it

系列名稱／EASY COOK

書名／義大利糕點百科圖鑑

作者／佐藤礼子 REIKO SATO

出版者／大境文化事業有限公司

發行人／趙天德

總編輯／車東蔚

翻譯／胡家齊

文 編・校 對／編輯部

美編／R.C. Work Shop

地址／台北市雨聲街 77 號 1 樓

TEL／(02) 2838-7996

FAX／(02) 2836-0028

初版日期／2021 年 3 月

定價／新台幣 460 元

ISBN／9789869814294

書號／E120

讀者專線／(02) 2836-0069

www.ecook.com.tw

E-mail／service@ecook.com.tw

劃撥帳號／19260956 大境文化事業有限公司

國家圖書館出版品預行編目資料

義大利糕點百科圖鑑

佐藤礼子 著；-- 初版 .-- 臺北市

大境文化，2021[110] 240 面；

16.5×23 公分．

（EASY COOK：E120）

ISBN／9789869814294

1. 點心食譜　2. 義大利

427.16　　110002930

STAFF

照片：在本彌生、佐藤礼子（P2-5、239 之外的當地照片）

書籍設計：望月昭秀＋境田真奈美（NILSON）

造型：曲田有子

校正：ヴェリタ

印刷總監（Prinitng Director）：山内 明（大日本印刷）

烹調助理：三谷智佐子

編輯：至田玲子

協力

TRANSIT

竜田胤徳

Cafe Fuze　http://cafefuze.net/

チェラミカ・スプーモ（なかむらともよ）

http://ceramicaspumo.com

Instagram：ceramica_spumo

請 連 結 至 以 下
表 單 填 寫 讀 者 回
函，將 不 定 期 的
收 到 優 惠 通 知 。